普通高等教育"十三五"规划教材

能源与动力工程实验

主　编　仝永娟
副主编　贺　铸　李宝宽

北　京

冶金工业出版社

2016

内 容 提 要

　　本书主要介绍了能源与动力工程专业的有关实验,全书分 2 篇,共 7 章。第 1 篇为基础实验,包括工程热力学实验、流体力学实验、传热学实验、燃料与燃烧实验和制冷原理实验;第 2 篇为综合实验,包括热工综合实验和流体综合实验。

　　本书为高等学校能源与动力工程专业及相关专业的本科生实验教材,也可供高校科研人员及企业技术人员参考。

图书在版编目(CIP)数据

能源与动力工程实验/仝永娟主编 . —北京:冶金工业出版社,
2016.7

普通高等教育"十三五"规划教材
ISBN 978-7-5024-7266-5

Ⅰ. ①能… Ⅱ. ①仝… Ⅲ. ①能源—实验—高等学校—教材
②动力工程—实验—高等学校—教材 Ⅳ. ①TK-33

中国版本图书馆 CIP 数据核字(2016)第 158541 号

出 版 人　谭学余
地　　址　北京市东城区嵩祝院北巷 39 号　邮编　100009　电话　(010)64027926
网　　址　www.cnmip.com.cn　电子信箱　yjcbs@cnmip.com.cn
责任编辑　杨　敏　美术编辑　吕欣童　版式设计　彭子赫
责任校对　王永欣　责任印制　牛晓波
ISBN 978-7-5024-7266-5
冶金工业出版社出版发行;各地新华书店经销;三河市双峰印刷装订有限公司印刷
2016 年 7 月第 1 版,2016 年 7 月第 1 次印刷
787mm×1092mm　1/16;10.75 印张;257 千字;158 页
30.00 元
冶金工业出版社　投稿电话　(010)64027932　投稿信箱　tougao@cnmip.com.cn
冶金工业出版社营销中心　电话　(010)64044283　传真　(010)64027893
冶金书店　地址　北京市东四西大街 46 号(100010)　电话　(010)65289081(兼传真)
冶金工业出版社天猫旗舰店　yjgycbs.tmall.com
(本书如有印装质量问题,本社营销中心负责退换)

前　言

"能源与动力工程实验"是能源与动力工程专业的一门必修课,是培养学生实验和工程实践能力的基础,在专业教学过程中占有重要地位。目前,国内能源与动力工程专业的实验教材比较单一分散,如流体力学实验、传热学实验等,没有全面综合的实验教材。本书涵盖了"传热学""流体力学""工程热力学""燃料与燃烧""制冷原理与装置"等专业基础课程及"锅炉原理""火焰炉"等专业课程的实验内容,同时增加了编者科研团队的科研成果。

本书是在武汉科技大学《能源与动力工程实验》讲义的基础上编写而成的,讲义在学校能源与动力工程专业及相关专业已试用6年,使用效果良好。本教材按照简明、易读和突出实用性的原则,归纳总结了能源与动力工程专业实验课程的内容,编写过程中注重基本概念、基本理论的描述,始终贯彻理论联系实际、学以致用的原则,注重实践创新,结合开放实验的特点,力求教材内容符合学生的认知规律,便于学生独立操作,掌握实验技能。

本书由武汉科技大学材料与冶金学院钢铁冶金及资源利用省部共建教育部重点实验室仝永娟老师担任主编,武汉科技大学贺铸老师及东北大学李宝宽老师担任副主编。参加本教材编写的人员有:武汉科技大学谢梦茜、高标、李明杰、陈元元、游永华、戴方钦、易正明、姜志伟老师,祁霞、万子威、王鑫同学;东北大学周清、刘中秋、孙文强、叶竹老师;沈阳建筑大学李星老师;沈阳铝镁设计研究院有限公司李鹏工程师。

在编写过程中,参考了相关教材、专著、学位论文、学术论文及实验设备制造商的使用说明书,并得到了武汉科技大学材料与冶金学院领导、钢铁冶金及资源利用省部共建教育部重点实验室、省部共建耐火材料与冶金国家重点实验室及能源与动力工程系各位老师的大力支持与帮助,在此一并表示衷心的感谢。

由于编者水平所限,书中不妥之处,敬请读者批评指正。

编　者
2016 年 3 月

目　录

第 1 篇　基础实验

1　工程热力学实验 ………………………………………………… 1

　1.1　干气体比定压热容测定实验 …………………………………… 1

　　1.1.1　实验目的 ……………………………………………… 1

　　1.1.2　实验原理 ……………………………………………… 1

　　1.1.3　实验装置 ……………………………………………… 3

　　1.1.4　实验方法与步骤 ……………………………………… 3

　　1.1.5　实验数据及处理 ……………………………………… 4

　　1.1.6　注意事项 ……………………………………………… 5

　1.2　饱和蒸汽压力和温度关系实验 ………………………………… 5

　　1.2.1　实验目的 ……………………………………………… 5

　　1.2.2　实验原理 ……………………………………………… 5

　　1.2.3　实验装置 ……………………………………………… 5

　　1.2.4　实验方法与步骤 ……………………………………… 6

　　1.2.5　实验数据及处理 ……………………………………… 6

　　1.2.6　注意事项 ……………………………………………… 7

　1.3　二氧化碳 p-v-T 关系测定 ………………………………… 7

　　1.3.1　实验目的 ……………………………………………… 7

　　1.3.2　实验原理 ……………………………………………… 7

　　1.3.3　实验装置 ……………………………………………… 8

　　1.3.4　实验方法与步骤 ……………………………………… 10

　　1.3.5　实验数据及处理 ……………………………………… 11

　　1.3.6　注意事项 ……………………………………………… 13

　1.4　喷管特性实验 …………………………………………………… 13

　　1.4.1　实验目的 ……………………………………………… 13

　　1.4.2　实验原理 ……………………………………………… 13

　　1.4.3　实验装置 ……………………………………………… 15

　　1.4.4　实验方法与步骤 ……………………………………… 16

　　1.4.5　实验数据及处理 ……………………………………… 18

　　1.4.6　注意事项 ……………………………………………… 19

2　流体力学实验 ……………………………………………………………………… 20

　2.1　流谱流线演示实验 ……………………………………………………………… 20

　　2.1.1　实验目的 ………………………………………………………………… 20

　　2.1.2　实验原理 ………………………………………………………………… 20

　　2.1.3　实验装置 ………………………………………………………………… 20

　　2.1.4　实验方法与步骤 ………………………………………………………… 21

　　2.1.5　实验结果 ………………………………………………………………… 21

　　2.1.6　实验分析与讨论 ………………………………………………………… 22

　　2.1.7　注意事项 ………………………………………………………………… 22

　2.2　不可压缩流体恒定流能量方程（伯努利方程）实验 ……………………… 23

　　2.2.1　实验目的 ………………………………………………………………… 23

　　2.2.2　实验原理 ………………………………………………………………… 23

　　2.2.3　实验装置 ………………………………………………………………… 23

　　2.2.4　实验方法与步骤 ………………………………………………………… 24

　　2.2.5　实验数据及处理 ………………………………………………………… 25

　　2.2.6　实验分析与讨论 ………………………………………………………… 26

　2.3　毕托管测量水流速度 …………………………………………………………… 26

　　2.3.1　实验目的 ………………………………………………………………… 26

　　2.3.2　实验原理 ………………………………………………………………… 27

　　2.3.3　实验装置 ………………………………………………………………… 28

　　2.3.4　实验方法与步骤 ………………………………………………………… 29

　　2.3.5　实验数据及处理 ………………………………………………………… 29

　2.4　毕托管测量管道内气流速度 ………………………………………………… 30

　　2.4.1　实验目的 ………………………………………………………………… 30

　　2.4.2　实验原理 ………………………………………………………………… 30

　　2.4.3　实验装置 ………………………………………………………………… 31

　　2.4.4　实验方法与步骤 ………………………………………………………… 31

　　2.4.5　实验数据及处理 ………………………………………………………… 31

　2.5　不可压缩流体恒定流动量定律实验 ………………………………………… 32

　　2.5.1　实验目的 ………………………………………………………………… 32

　　2.5.2　实验原理 ………………………………………………………………… 32

　　2.5.3　实验装置 ………………………………………………………………… 33

　　2.5.4　实验方法与步骤 ………………………………………………………… 34

　　2.5.5　实验数据及处理 ………………………………………………………… 34

　　2.5.6　实验分析与讨论 ………………………………………………………… 35

　2.6　雷诺实验 ………………………………………………………………………… 35

　　2.6.1　实验目的 ………………………………………………………………… 35

　　2.6.2　实验原理 ………………………………………………………………… 35

2.6.3　实验装置 ………………………………………………… 35
2.6.4　实验方法与步骤 …………………………………………… 36
2.6.5　实验数据及处理 …………………………………………… 37
2.6.6　实验分析与讨论 …………………………………………… 37

2.7　局部水头损失实验 ………………………………………………… 37
2.7.1　实验目的 …………………………………………………… 37
2.7.2　实验原理 …………………………………………………… 37
2.7.3　实验装置 …………………………………………………… 39
2.7.4　实验方法与步骤 …………………………………………… 39
2.7.5　实验数据及处理 …………………………………………… 40
2.7.6　实验分析与讨论 …………………………………………… 40

3　传热学实验 ……………………………………………………………… 41

3.1　稳态平板法测定绝热材料导热系数 …………………………… 41
3.1.1　实验目的 …………………………………………………… 41
3.1.2　实验原理 …………………………………………………… 41
3.1.3　实验装置 …………………………………………………… 41
3.1.4　实验方法与步骤 …………………………………………… 42
3.1.5　实验数据及处理 …………………………………………… 43
3.1.6　实验分析 …………………………………………………… 44

3.2　非稳态（准稳态）法测材料的导热性能 ……………………… 44
3.2.1　实验目的 …………………………………………………… 44
3.2.2　实验原理 …………………………………………………… 44
3.2.3　实验装置 …………………………………………………… 46
3.2.4　实验方法与步骤 …………………………………………… 47
3.2.5　实验数据及处理 …………………………………………… 47

3.3　伸展体的导热特性实验 …………………………………………… 48
3.3.1　实验目的 …………………………………………………… 48
3.3.2　实验原理 …………………………………………………… 48
3.3.3　实验装置 …………………………………………………… 50
3.3.4　实验方法与步骤 …………………………………………… 51
3.3.5　实验数据与处理 …………………………………………… 51
3.3.6　实验分析与讨论 …………………………………………… 52
3.3.7　注意事项 …………………………………………………… 52

3.4　空气横掠管束时的强迫对流换热实验 ………………………… 52
3.4.1　实验目的 …………………………………………………… 52
3.4.2　实验原理 …………………………………………………… 52
3.4.3　实验装置 …………………………………………………… 54
3.4.4　实验方法与步骤 …………………………………………… 54

3.4.5　实验数据及处理 ………………………………………………… 56
3.4.6　注意事项 ………………………………………………………… 56
3.5　中温法向辐射时物体黑度的测定 ……………………………………… 57
3.5.1　实验目的 ………………………………………………………… 57
3.5.2　实验原理 ………………………………………………………… 57
3.5.3　实验装置 ………………………………………………………… 58
3.5.4　实验方法与步骤 ………………………………………………… 58
3.5.5　实验数据及处理 ………………………………………………… 59
3.5.6　注意事项 ………………………………………………………… 59

4　燃料与燃烧实验 ……………………………………………………………… 60
4.1　煤的工业分析 …………………………………………………………… 60
4.1.1　实验目的 ………………………………………………………… 60
4.1.2　实验原理 ………………………………………………………… 60
4.1.3　实验装置 ………………………………………………………… 61
4.1.4　实验方法与步骤 ………………………………………………… 61
4.1.5　实验数据及处理 ………………………………………………… 63
4.2　气体燃料发热量的测定 ………………………………………………… 64
4.2.1　实验目的 ………………………………………………………… 64
4.2.2　实验原理 ………………………………………………………… 65
4.2.3　实验装置 ………………………………………………………… 66
4.2.4　实验方法与步骤 ………………………………………………… 67
4.2.5　实验数据及处理 ………………………………………………… 68
4.2.6　注意事项 ………………………………………………………… 68
4.3　氧弹法测定燃料的热值 ………………………………………………… 68
4.3.1　实验目的 ………………………………………………………… 68
4.3.2　实验原理 ………………………………………………………… 69
4.3.3　实验装置 ………………………………………………………… 70
4.3.4　实验方法与步骤 ………………………………………………… 71
4.3.5　实验数据及处理 ………………………………………………… 72
4.3.6　注意事项 ………………………………………………………… 73
4.4　燃料油黏度的测定 ……………………………………………………… 73
4.4.1　实验目的 ………………………………………………………… 73
4.4.2　实验原理 ………………………………………………………… 73
4.4.3　实验装置 ………………………………………………………… 73
4.4.4　实验方法与步骤 ………………………………………………… 73
4.4.5　实验数据及处理 ………………………………………………… 74
4.4.6　实验分析与讨论 ………………………………………………… 75
4.5　燃料油闪火点及燃烧点的测定 ………………………………………… 75

4.5.1　实验目的 ……………………………………………………………… 75
4.5.2　实验原理 ……………………………………………………………… 75
4.5.3　实验装置 ……………………………………………………………… 76
4.5.4　实验方法与步骤 ………………………………………………………… 76
4.5.5　实验数据及处理 ………………………………………………………… 76
4.5.6　实验分析与讨论 ………………………………………………………… 77
4.5.7　注意事项 ……………………………………………………………… 77
4.6　可见火焰传播速度实验 ……………………………………………………… 77
4.6.1　实验目的 ……………………………………………………………… 77
4.6.2　实验原理 ……………………………………………………………… 78
4.6.3　实验装置 ……………………………………………………………… 78
4.6.4　实验方法与步骤 ………………………………………………………… 79
4.6.5　实验数据及处理 ………………………………………………………… 79
4.6.6　实验分析与讨论 ………………………………………………………… 80
4.7　烟气成分分析 ………………………………………………………………… 80
4.7.1　实验目的 ……………………………………………………………… 80
4.7.2　实验原理与装置 ………………………………………………………… 80
4.7.3　药品的配制 …………………………………………………………… 81
4.7.4　实验方法与步骤 ………………………………………………………… 81
4.7.5　实验数据及处理 ………………………………………………………… 82
4.7.6　实验分析与讨论 ………………………………………………………… 83
4.7.7　注意事项 ……………………………………………………………… 83
4.8　煤中全硫的测定 ……………………………………………………………… 83
4.8.1　实验目的 ……………………………………………………………… 83
4.8.2　实验原理 ……………………………………………………………… 83
4.8.3　实验装置 ……………………………………………………………… 84
4.8.4　实验方法与步骤 ………………………………………………………… 84
4.8.5　实验数据及处理 ………………………………………………………… 85

5　制冷原理实验 ……………………………………………………………………… 86

5.1　制冷（热泵）循环演示实验 ………………………………………………… 86
5.1.1　实验目的 ……………………………………………………………… 86
5.1.2　实验原理 ……………………………………………………………… 86
5.1.3　实验装置 ……………………………………………………………… 88
5.1.4　实验方法与步骤 ………………………………………………………… 88
5.1.5　实验数据及处理 ………………………………………………………… 88
5.1.6　实验分析与讨论 ………………………………………………………… 89
5.2　制冷压缩机性能测试实验 …………………………………………………… 89
5.2.1　实验目的 ……………………………………………………………… 89

5.2.2　实验原理 ………………………………………………………… 89

5.2.3　实验装置 ………………………………………………………… 91

5.2.4　实验方法与步骤 …………………………………………………… 92

5.2.5　实验数据及处理 …………………………………………………… 93

5.2.6　实验分析与讨论 …………………………………………………… 94

5.2.7　注意事项 …………………………………………………………… 94

第 2 篇　综合实验

6　热工综合实验 …………………………………………………………… 95

6.1　工业锅炉多管水循环实验 ……………………………………………… 95

6.1.1　实验目的 …………………………………………………………… 95

6.1.2　实验原理 …………………………………………………………… 95

6.1.3　实验装置 …………………………………………………………… 96

6.1.4　实验方法与步骤 …………………………………………………… 97

6.1.5　实验数据及处理 …………………………………………………… 97

6.2　锅炉热工性能综合实验 ………………………………………………… 97

6.2.1　实验目的 …………………………………………………………… 98

6.2.2　实验原理 …………………………………………………………… 98

6.2.3　实验装置 …………………………………………………………… 102

6.2.4　实验方法与步骤 …………………………………………………… 104

6.2.5　实验数据及处理 …………………………………………………… 104

6.2.6　注意事项 …………………………………………………………… 107

6.3　换热器综合实验 ………………………………………………………… 107

6.3.1　实验目的 …………………………………………………………… 107

6.3.2　实验原理 …………………………………………………………… 107

6.3.3　实验装置 …………………………………………………………… 109

6.3.4　实验方法与步骤 …………………………………………………… 110

6.3.5　实验数据及处理 …………………………………………………… 110

6.3.6　实验分析与讨论 …………………………………………………… 111

6.3.7　注意事项 …………………………………………………………… 111

6.4　工业炉热工特性及换热器性能综合实验 ……………………………… 111

6.4.1　实验目的 …………………………………………………………… 111

6.4.2　实验原理 …………………………………………………………… 112

6.4.3　实验装置 …………………………………………………………… 114

6.4.4　实验方法与步骤 …………………………………………………… 115

6.4.5　实验数据及处理 …………………………………………………… 116

6.4.6　实验分析与讨论 …………………………………………………… 117

6.5　多孔介质燃烧实验 …………………………………………………… 117

  6.5.1　实验目的 ………………………………………………………… 118

  6.5.2　实验原理 ………………………………………………………… 118

  6.5.3　实验装置 ………………………………………………………… 119

  6.5.4　实验方法与步骤 ………………………………………………… 120

  6.5.5　实验数据及处理 ………………………………………………… 120

  6.5.6　实验分析与讨论 ………………………………………………… 120

  6.5.7　注意事项 ………………………………………………………… 120

6.6　干燥特性实验 ………………………………………………………… 121

  6.6.1　实验目的 ………………………………………………………… 121

  6.6.2　实验原理 ………………………………………………………… 121

  6.6.3　实验装置 ………………………………………………………… 123

  6.6.4　实验方法与步骤 ………………………………………………… 123

  6.6.5　实验数据及处理 ………………………………………………… 124

  6.6.6　实验分析与讨论 ………………………………………………… 124

  6.6.7　注意事项 ………………………………………………………… 125

7　流体综合实验 …………………………………………………………… 126

7.1　风机性能测试实验 …………………………………………………… 126

  7.1.1　实验目的 ………………………………………………………… 126

  7.1.2　实验原理 ………………………………………………………… 126

  7.1.3　实验装置 ………………………………………………………… 128

  7.1.4　实验方法与步骤 ………………………………………………… 128

  7.1.5　实验数据及处理 ………………………………………………… 128

  7.1.6　实验分析与讨论 ………………………………………………… 130

7.2　泵特性曲线实验 ……………………………………………………… 130

  7.2.1　实验目的 ………………………………………………………… 130

  7.2.2　实验原理 ………………………………………………………… 130

  7.2.3　实验装置 ………………………………………………………… 131

  7.2.4　实验方法与步骤 ………………………………………………… 131

  7.2.5　实验数据及处理 ………………………………………………… 132

  7.2.6　实验分析与讨论 ………………………………………………… 132

7.3　双泵串并联实验 ……………………………………………………… 133

  7.3.1　实验目的 ………………………………………………………… 133

  7.3.2　实验原理 ………………………………………………………… 133

  7.3.3　实验装置 ………………………………………………………… 133

  7.3.4　实验方法与步骤 ………………………………………………… 134

  7.3.5　实验数据及处理 ………………………………………………… 135

  7.3.6　实验分析与讨论 ………………………………………………… 136

7.4　流量检测与控制实验 …………………………………………………… 136

7.4.1　实验目的 …………………………………………………………… 136

7.4.2　实验原理 …………………………………………………………… 136

7.4.3　实验装置 …………………………………………………………… 138

7.4.4　实验方法与步骤 …………………………………………………… 139

7.4.5　实验数据及处理 …………………………………………………… 139

7.4.6　实验分析与讨论 …………………………………………………… 140

7.4.7　注意事项 …………………………………………………………… 140

7.5　空化机理实验 …………………………………………………………… 140

7.5.1　实验目的 …………………………………………………………… 140

7.5.2　实验原理 …………………………………………………………… 140

7.5.3　实验装置 …………………………………………………………… 141

7.5.4　实验方法与步骤 …………………………………………………… 141

7.5.5　注意事项 …………………………………………………………… 142

7.6　气液两相流可视化水模型实验 ………………………………………… 142

7.6.1　实验目的 …………………………………………………………… 142

7.6.2　实验原理 …………………………………………………………… 142

7.6.3　实验装置 …………………………………………………………… 144

7.6.4　实验方法与步骤 …………………………………………………… 144

7.6.5　实验数据及处理 …………………………………………………… 144

7.7　转炉水力学模型实验 …………………………………………………… 146

7.7.1　实验目的 …………………………………………………………… 146

7.7.2　实验原理 …………………………………………………………… 146

7.7.3　实验装置 …………………………………………………………… 147

7.7.4　实验方法 …………………………………………………………… 148

7.7.5　实验数据及处理 …………………………………………………… 148

7.8　蓄热小球的阻力特性实验 ……………………………………………… 149

7.8.1　实验目的 …………………………………………………………… 149

7.8.2　实验原理 …………………………………………………………… 149

7.8.3　实验装置 …………………………………………………………… 150

7.8.4　实验方法与步骤 …………………………………………………… 150

7.8.5　实验数据及处理 …………………………………………………… 151

7.8.6　实验分析与讨论 …………………………………………………… 152

附录 …………………………………………………………………………… 153

参考文献 ……………………………………………………………………… 157

第 1 篇

基 础 实 验

1 工程热力学实验

1.1 干气体比定压热容测定实验

干气体比定压热容的测定是工程热力学的基本实验之一，实验中涉及温度、压力、热量（电功）、流量等基本量的测量，计算中用到比热容及混合气体（混空气）方面的知识。

1.1.1 实验目的

（1）了解实验装置的基本原理和结构。
（2）熟悉温度、压力、热量、流量等物理量的测量方法。
（3）掌握测定气体比定压热容的方法。
（4）分析产生误差的原因及减小误差的途径。

1.1.2 实验原理

本实验测定的是干空气的比定压热容 c_p，而不是定压容积热容 c_p'。

c_p：$p = \text{const}$ 时，1kg 气体温度升高 1K 时所吸收的热量，kJ/(kg·K)；

c_p'：$p = \text{const}$ 时，1m^3 气体（在标准状态下）温度升高 1K 时所吸收的热量，kJ/(m^3·K)。

根据定义，对于 1kg 工质

$$c_p = \frac{q}{\Delta t} \tag{1-1}$$

对于 $m\text{kg}$ 工质

$$c_p = \frac{Q}{m\Delta t} \tag{1-2}$$

上述为干空气的比定压热容 c_p，"干"用下标 "g" 表示，即

$$c_p = \frac{Q_g}{m_g \Delta t} \tag{1-3}$$

式中　Q——气体的吸热量，kJ/s；

　　　　m——气体的质量流量，kg/s；

　　　　Q_g——干空气的吸热量，kJ/s；

　　　　m_g——干空气的质量流量，kg/s；

　　　　Δt——气体的温升，℃。

各参数值的测定如下：

（1）Δt 测定：将一定流量的气体通入比热仪，在比热仪中对气体进行加热后，气体流出。这样，气体进入比热仪与流出比热仪就存在温度差 Δt，通过在比热仪进口设置温度计 t_1 和在出口设置温度计 t_2，即可求出 $\Delta t = t_2 - t_1$。

（2）m_g 的测定：由于干空气的质量不好测定，我们可以测定干空气的质量流量 m_g，干空气符合理想气体定律

$$m_g = \frac{p_g V}{R_g T_0} \tag{1-4}$$

式中　R_g——干空气的气体常数，$R_g = 287 \text{J}/(\text{kg} \cdot \text{K})$；

　　　　T_0——干空气热力学温度，$T_0 = (t_0 + 273.15)\text{K}$；

　　　　V——干空气流过时所拥有的体积，m^3/s；

　　　　p_g——空气中干空气的分压力，根据道尔顿分压定律计算，Pa。

$$p_g = p r_g \tag{1-5}$$

$$p = B + p_b \tag{1-6}$$

$$p_b = 9.8 \Delta h \tag{1-7}$$

式中　p——空气绝对压力，$p = B + p_b$；

　　　　B——大气压，可用大气压力计测出；

　　　　p_b——U 形管比压计测出的压力，U 形管比压计中介质为水；

　　　　Δh——U 形管比压计两管液面高度差，mmH_2O；

　　　　r_g——干空气的体积分数。

把空气分成两个部分，一部分是水蒸气，除水蒸气以外就是干空气，那么 $r_g = 1 - r_w$。水蒸气的体积分数 r_w 为

$$r_w = \frac{d/622}{1 + d/622} \tag{1-8}$$

式中　d——含湿量，单位 g/kg(a)，可以通过查湿空气焓湿图求得，只要在焓湿图上确定入口空气的干球温度 t_1 和湿球温度 t_w，即可求出 d。

显然，空气流过时，干空气、水蒸气同时占有整个空间，在空间中均匀分布，即流过时的体积 V 既是干空气的体积量，又是水蒸气的体积量。我们用湿式流量计进行测定

$$V = \frac{10}{\tau} \times 10^{-3} \tag{1-9}$$

式中　10——指流量计指针转 5 圈的体积量，L；

　　　　τ——流量计转 5 圈所用的时间，s。

（3）Q_g 的测定：实验中采用电加热方式，设对空气的加热功率为 W，则

$$Q = W \times 10^{-3} \tag{1-10}$$

实验中，电加热的是空气，既有干空气，又有水蒸气，因而

$$Q_g = Q - Q_w \tag{1-11}$$

$$Q_w = m_w[1.833(t_2 - t_1) + 0.00015555(t_2^2 - t_1^2)] \tag{1-12}$$

$$m_w = \frac{p_w V}{R_w T_0} \tag{1-13}$$

式中　Q_w——水蒸气的吸热量，kJ/s；

　　　m_w——水蒸气的质量流量，kg/s；

　　　R_w——水蒸气的气体常数，$R_w = 471.5J/(kg \cdot K)$；

　　　p_w——空气中水蒸气的分压力，根据道尔顿分压定律计算，Pa。

$$p_w = p r_w \tag{1-14}$$

1.1.3　实验装置

实验装置由风机、湿式流量计、比热仪主体、电功率调节及测量系统等四部分组成，如图1-1所示。

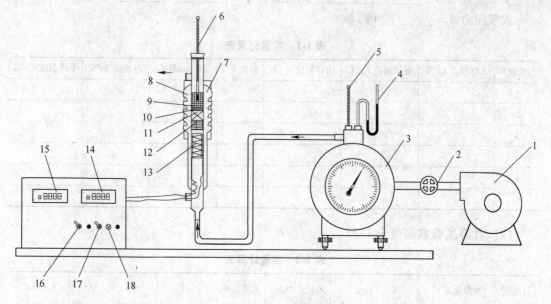

图1-1　气体定压比热测定装置

1—风机；2—调节阀；3—湿式流量计；4—U形管比压计；5，6—温度计；7—比热仪本体；
8—多层杜瓦瓶；9—混流网；10—旋流片；11—绝缘垫；12—均流网；13—电热器；14—电功率表；
15—测温表；16—风机开关；17—加热开关；18—加热电功率调节器

比热仪本体是由多层杜瓦瓶包裹，内部布置有加热线圈，在出口处设置有均流网、旋流片、混流网，是为了使出口温度计测定的温度为最高的平均温度；同时设置绝缘垫，是为了避免温度计直接接触电加热丝，影响温度测定。

1.1.4　实验方法与步骤

（1）接通电源，开动风机。空气被鼓风机鼓出，经流量调节阀进入湿式流量计，然后再由湿式流量计进入比热仪本体。调节流量调节阀，使得在比热仪本体出口有空气流出。

（2）接通电加热系统，调节电功率调节器，使初始加热电功率在 20W 左右，对比热仪本体中流过的空气进行加热。等待出口温度计温度稳定，读出湿式流量计转 5 圈所用时间 τ，读出 U 形管比压计液面高度差 Δh，读出空气入口干球温度 t_1、湿球温度 t_w、出口温度 t_2、电功率 W、大气压力 B、流量计出口干球温度 t_0。

（3）调节电功率调节器，使得电功率升高 3W 左右，等待出口温度计稳定，重复（2）中读数过程。

（4）通过调节电功率调节器，使得每次电压升高 3W 左右，可以依次获得 4～6 组实验数据，记录在数据表中。

（5）实验数据记录完后，电功率调节器归零，关闭电源，再关闭风机电源，实验结束。

1.1.5　实验数据及处理

（1）记录实验数据（表 1-1）。

实验装置名称：_____；实验台号：_____；

大气压力 $B =$ _____ Pa。

表 1-1　实验记录表

实验次序	入口温度 t_1/℃	湿球温度 t_w/℃	出口温度 t_2/℃	时间 τ/s	Δh/mmH$_2$O	电功率 W/W	干球温度 t_0/℃
1							
2							
3							
4							
5							
6							

（2）计算实验数据（表 1-2）。

表 1-2　实验计算表

实验次序	温差 Δt/℃	含湿量 d /g·kg^{-1}(a)	r_w	V /m^3·s^{-1}	p_b /Pa	p /Pa	p_g /Pa	m_g /kg·s^{-1}	p_w /Pa	m_w /kg·s^{-1}	Q_w /kJ·s^{-1}	Q /kJ·s^{-1}	Q_g /kJ·s^{-1}	c_p/kJ· (kg·K)$^{-1}$
1														
2														
3														
4														
5														
6														

（3）分析比定压热容随温度的变化关系。

假定在 0～300℃ 之间空气的真实比定压热容与温度之间近似地有线性关系，则 t_1～t_2 的平均比定压热容为：

$$c_{pm}\Big|_{t_1}^{t_2} = \frac{\int_{t_1}^{t_2}(a+bt)\,\mathrm{d}t}{t_2-t_1} = a + b\,\frac{t_1+t_2}{2}$$

因此，若以 $\dfrac{t_1+t_2}{2}$ 为横坐标，$c_{pm}\Big|_{t_1}^{t_2}$ 为纵坐标，则可根据不同的温度范围内的平均比热确定截距 a 和斜率 b，从而得到比热随温度变化的计算式，并且画出此关系图。

1.1.6　注意事项

（1）切勿在无空气流过的情况下进行通电加热，以免引起过热烧损仪器。

（2）输入电压不得超过 220V，气体出口温度不得超过 300℃。

（3）加热和冷却要缓慢进行，防止温度计和比热仪本体因骤热骤冷损坏。

（4）停止实验要先切断电加热器电源，风机继续运行 15min 后再切断风机电源。

1.2　饱和蒸汽压力和温度关系实验

1.2.1　实验目的

（1）通过观察饱和蒸汽压力和温度变化的关系，加深对饱和状态的理解，从而树立液体温度达到对应于液面压力的饱和温度时沸腾便会发生的基本概念。

（2）通过对实验数据的整理，掌握饱和蒸汽 $p\text{-}t$ 关系。

（3）学会温度计、压力表和大气压力计等仪表的使用方法。

（4）能观察到小容积和金属表面很光滑（汽化核心很小）的饱和态沸腾现象。

1.2.2　实验原理

物质由液态转变为蒸汽的过程称为汽化过程。汽化过程总是伴随着分子回到液体中的凝结过程。到一定程度时，虽然汽化和凝结都在进行，但汽化的分子数与凝结的分子数处于动态平衡，这种状态称为饱和态，在这一状态下的温度称为饱和温度。此时蒸汽分子动能和分子总数保持不变，因此压力也确定不变，称为饱和压力。饱和温度和饱和压力的关系一一对应。

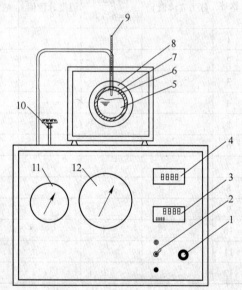

图 1-2　饱和蒸汽压力和温度关系实验装置

1—电功率调节；2—电源开关；3—控温测温表；

4—加热电流表；5—蒸馏水；6—水蒸气；

7—电加热器；8—蒸汽发生器；9—温度计；

10—排气阀；11—控制压力表；

12—压力表（−0.1～0.9MPa）

1.2.3　实验装置

实验装置如图 1-2 所示。

1.2.4 实验方法与步骤

（1）熟悉实验装置及使用仪表的工作原理和性能。

（2）将电功率调节器调节至零位，接通电源。

（3）调节电功率调节器，并逐渐缓慢加大电流至1A左右，待蒸汽压力升至一定值时迅速记录下水蒸气的压力和温度。

（4）温度和压力逐渐增加，重复步骤（3），在0~0.9MPa（表压）范围内至少进行6次实验，且实验点应尽量分布均匀。

（5）实验完毕后，将电功率调节器旋回零位，断开电源。

（6）记录室温和大气压力。

1.2.5 实验数据及处理

（1）记录及计算。

实验装置名称：＿＿＿＿＿＿＿＿；实验台号：＿＿＿＿＿＿＿＿；

大气压力 B = ＿＿＿＿＿＿＿ Pa；室温：＿＿＿＿＿＿℃。

将结果记入表1-3。

表1-3 实验记录及计算

实验次序	饱和压力/MPa		饱和温度/℃		误差		备注
	压力表读值 p'	绝对压力 $p = p' + B$	温度计读值 t	绝对压力 p 对应的理论值 t'	$\Delta t = \lvert t - t' \rvert$	$\dfrac{\Delta t}{t'} \times 100\%$	
1							
2							
3							
4							
5							
6							
7							
8							
9							
10							
11							
12							

注：绝对压力 p 对应的理论值 t' 查询表1-4。

表1-4 饱和水蒸气热力性质

绝对压力 p/MPa	0.1	0.15	0.2	0.25	0.3	0.35	0.4	0.5	0.6	0.7
饱和温度 t'/℃	99.63	111.32	120.23	127.43	133.54	138.88	143.62	151.85	158.84	164.96

（2）绘制 p-t 关系曲线。

将实验结果绘在坐标纸上，清除偏离点，绘制曲线，如图1-3所示。

（3）总结经验公式。

例如，将实验曲线绘制在双对数坐标纸上，其基本呈一直线（图1-4），故饱和水蒸气压力和温度的关系可近似整理成如下经验公式

$$t = 100\sqrt[4]{p}$$

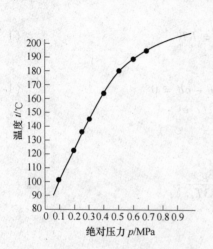

图1-3　饱和水蒸气压力和温度的关系曲线　　图1-4　饱和水蒸气压力和温度的关系对数坐标曲线

1.2.6　注意事项

（1）实验装置通电后必须有专人看管。

（2）实验装置使用压力为0.9MPa（表压），切不可超压操作。

1.3　二氧化碳 p-v-T 关系测定

1.3.1　实验目的

（1）了解 CO_2 临界状态的观测方法，增加对临界状态概念的感性认识。

（2）增加对课堂所讲的工质热力状态、凝结、汽化、饱和状态等基本概念的理解。

（3）掌握 CO_2 的 p-v-T 关系的测定方法，学会用实验测定实际气体状态变化规律的方法和技巧。

（4）学会活塞式压力计、恒温器等仪器的正确使用方法。

1.3.2　实验原理

（1）实际气体在压力不太高、温度不太低时可以近似地认为是理想气体，并遵循理想气体状态方程

$$pV = mRT \tag{1-15}$$

式中　p——绝对压力，Pa；

　　　V——体积，m³；

T——绝对温度，K；

m——气体质量，kg；

R——气体常数，$R_{CO_2} = 188.9 J/(kg \cdot K)$。

实际气体中分子力和分子体积在不同温度压力范围内所起的相反作用表现是不同的。因而，实际气体与不考虑分子力、分子体积的理想气体有一定偏差。1873 年范德瓦尔针对偏差原因提出了范德瓦尔方程式

$$\left(p + \frac{a}{v^2} \right)(v - b) = RT \tag{1-16}$$

或

$$pv^3 - (bp + RT)v^2 + av - ab = 0 \tag{1-17}$$

式中　$\dfrac{a}{v^2}$——分子力的修正项，$a = \dfrac{27R^2 T_c^2}{64 p_c}$；

v——比体积，m^3/kg；

b——分子体积的修正项，$b = \dfrac{RT_c}{8 p_c}$，$R = \dfrac{8 p_c v_c}{3 T_c}$；

p_c——临界压力，对 CO_2：$p_c = 7.38 MPa$；

T_c——临界温度，对 CO_2：$T_c = 31.1℃$。

随 p、T 的不同，式 (1-17) 中 v 可有三种解：

1) $t < 31.1℃$，不相等的三个实根；

2) $t = 31.1℃$，相等的三个实根；

3) $t > 31.1℃$，一个实根，两个虚根。

本实验类似 1869 年安德鲁实验，验证以上三种解的形成和原因，同时论证范德瓦尔方程较理想气态方程更接近于实际气体的状态变化规律，但仍有一定偏差。

(2) 工质处于平衡状态时，其基本参数 p、v、T 之间是有一定关系的：

$$F(p, v, T) = 0 \tag{1-18}$$

或

$$\left. \begin{array}{l} p = f(v, T) = 0 \\ v = f(p, T) = 0 \\ T = f(p, v) = 0 \end{array} \right\} \tag{1-19}$$

由式 (1-19) 可以看出，三个基本状态参数中只有两个是独立的，第三个是随其中一个的变化而变化的。可基于这两种关系，假设一个参数，如 T 不变，用实验方法找到其余两个参数 (p, v) 之间的关系，从而求得工质状态变化规律，完成实验任务。

1.3.3　实验装置

实验装置由压力计、恒温器和实验台本体及其防护罩等三大部分组成，如图 1-5 所示。

恒温器是提供室温至 95℃ 范围内恒温水的设备，可借助它提供的恒温水间接地恒定 CO_2 的温度，同时根据实验需要改变 CO_2 的温度。

压力台是借助其活塞杆的进退，使低黏度油传递压力来提供实验所需压力的设备。

实验中，压力计油缸送来的压力由压力油传入高压容器和玻璃杯上半部，迫使水银进

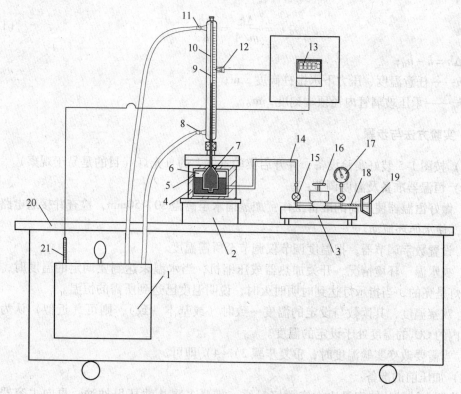

图 1-5 二氧化碳 p-v-T 关系仪

1—恒温器；2—实验台本体；3—压力台；4—高压容器；5—玻璃杯；6—压力油；7—水银；8—恒温水入口；
9—CO_2 空间；10—承压玻璃管；11—恒温水出口；12—热电偶；13—温度表；14—供油管；
15—控油阀；16—油杯；17—油压表；18—螺杆；19—手柄；20—操作平台；21—热电偶

入预先装了 CO_2 气体的承压玻璃管容器，CO_2 被压缩，其压力大小通过压力计上的活塞杆的进退来调节，温度由恒温器供给的水套内的水温来调节。

实验工质 CO_2 的压力值由装在压力计上的压力表读出，温度由插在恒温水套中的热电偶及数显温度表读出。

承压玻璃管内 CO_2 质量不便测量，而玻璃管内径或截面积 A 又不易测准，因而实验中采用间接办法来确定 CO_2 的比体积，认为 CO_2 的比体积 v 与其高度是一种线性关系。比体积首先由承压玻璃管内 CO_2 柱的高度来测量，而后再根据承压玻璃管内径截面不变等条件来换算得出。具体方法如下：

（1）已知 CO_2 液体在 20℃、9.8MPa 时的比体积 $v = 0.00117 \text{m}^3/\text{kg}$。

（2）实际测定实验台在 20℃、9.8MPa 时的 CO_2 液柱高度 Δh_0。

（3）因为 $v(20℃，9.8\text{MPa}) = \dfrac{\Delta h_0 A}{m} = 0.00117$，所以

$$\frac{m}{A} = \frac{\Delta h_0}{0.00117} = K \tag{1-20}$$

式中 K——玻璃管内 CO_2 的质面比常数，kg/m^2。

所以，任意温度、压力下 CO_2 的比体积为：

$$v = \frac{\Delta h}{m/A} = \frac{\Delta h}{K} \tag{1-21}$$

式中 $\Delta h = h - h_0$；

h——任意温度、压力下水银柱高度，m；

h_0——承压玻璃管内径顶端刻度，m。

1.3.4 实验方法与步骤

（1）按图 1-5 装好实验设备，并开启实验本体上的日光灯（目的是易于观察）。

（2）恒温器准备及温度调节：

1）做好恒温器使用前的准备工作：加蒸馏水至离盖 30~50mm，检查并接通电路，开动水泵，使水循环流动。

2）设置数字调节器，把温度调节仪调节至所需温度。

3）视水温、环境情况，开关加热器或压缩机，当水温未达到要调定的温度时，恒温器指示灯是亮的，当指示灯达到时明明灭灭时，说明温度已达到所需的恒温。

4）观察温度，其读数与设定的温度一致时（或基本一致），则可（近似）认为承压玻璃管内的 CO_2 的温度处于设定的温度。

5）当需要改变实验温度时，重复步骤 2）~4）即可。

（3）加压前的准备：

因为压力计的油缸容量比主容器容量小，需要多次从油杯里抽油，再向主容器管充油，才能在压力表显示压力读数。压力计抽油、充油的操作过程非常重要，若操作失误，不但加不上压力，还会损坏试验设备。所以，务必认真掌握，其步骤如下：

1）关闭压力表及其进入本体油路的两个阀门，开启压力计油杯上的进油阀。

2）摇退压力台上的活塞螺杆，直至螺杆全部退出，这时，压力计油缸中抽满了油。

3）先关闭油杯阀门，然后开启压力表和进入本体油路的两个阀门。

4）摇进活塞螺杆，使本体充油，如此交替重复，直至压力表上有压力读数为止。

5）再次检查油杯阀门是否关好，压力表及本体油路阀门是否开启，若均已调定后，即可进行实验。

（4）测定低于临界温度 $t=20℃$ 时的等温线。

1）将恒温器调定在 $t=20℃$，并保持恒温。

2）压力从 4.41MPa 开始，当玻璃管内水银柱升起来后，应足够缓慢地摇进活塞螺杆，以保证等温条件，否则，将来不及平衡，使读数不准。

3）按照适当的压力间隔取 h 值，直至压力 $p=9.8MPa$。

4）注意加压后 CO_2 的变化，特别是注意饱和压力和饱和温度之间的对应关系以及液化、汽化等现象，将测得的实验数据及观察到的现象填入表 1-5。

（5）测定 $t=31.1℃$ 时的等温线和临界参数，并观察临界现象。

1）按上述方法和步骤测出临界等温线，并在该曲线的拐点处找出临界压力 p_c 和临界比体积 v_c，并将数据填入表 1-5。

2）观察临界现象。

①整体相变现象。由于在临界点时汽化潜热等于零，饱和蒸汽线和饱和液体线合于一

点，所以这时汽-液的相互转变不是像临界温度以下时那样逐渐积累，需要一定的时间，表现为渐变过程，而是当压力稍微变化时，汽-液就会以突变的形式相互转化。

②汽、液两相模糊不清的现象。处于临界点的 CO_2 具有共同参数（p，v，T），因而不能区别此时 CO_2 是气态还是液态。如果说它是气体，那么，这个气体是接近液态的气体；如果说它是液体，那么，这个液体又是接近气态的液体。下面就用实验来证明这个结论。因为这时处于临界温度下，如果按等温线过程进行，使 CO_2 压缩或膨胀，那么，管内是什么也看不到。若将该过程看作绝热过程，首先在压力等于 7.64MPa 附近突然降压，CO_2 状态点由等温线沿绝热线降到液区，管内 CO_2 出现明显的液面。这就是说，如果这时管内的 CO_2 是气体的话，那么，这种气体离液区很接近，可以说是接近液态的气体。当膨胀之后，突然压缩 CO_2 时，这个液面又立即消失了。说明这时 CO_2 液体离气区也是非常接近的，可以说是接近气态的液体。此时的 CO_2 既接近气态，又接近液态，所以能处于临界点附近。可以这样说，临界状态就是饱和汽、液分不清。这就是临界点附近饱和汽、液模糊不清的现象。

（6）测定高于临界温度 $t = 50℃$ 时的定温线。将数据填入表 1-5。

表 1-5　CO_2 等温实验记录表

$t = 20℃$					$t = 31.1℃$（临界）					$t = 50℃$				
p/MPa	h/m	$\Delta h/\text{m}$	$v = \dfrac{\Delta h}{K}$	现象	p/MPa	h/m	$\Delta h/\text{m}$	$v = \dfrac{\Delta h}{K}$	现象	p/MPa	h/m	$\Delta h/\text{m}$	$v = \dfrac{\Delta h}{K}$	现象
进行等温线实验所需时间/min														

1.3.5　实验数据及处理

（1）记录及计算。

实验装置名称：_____；实验台号：_____；大气压力 $B =$ _____ Pa；

室温：_____℃；$h_0 =$ _____ m；$K = \dfrac{m}{A} = \dfrac{\Delta h_0}{0.00117} =$ _____ kg/m²。

（2）按表 1-5 的数据，如图 1-6 在 p-v 坐标系中画出三条等温线。

（3）将实验测得的等温线与图 1-6 所示的标准等温线比较，并分析它们之间的差异及原因。

（4）将实验测得的饱和温度与压力的对应值与图 1-7 给出的 t_s-p_s 曲线相比较。

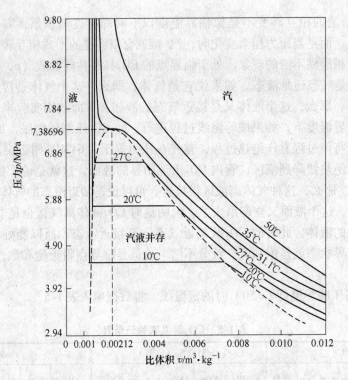

图 1-6　标准曲线

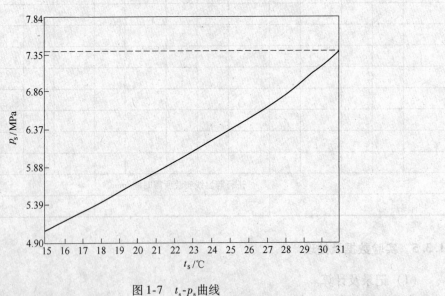

图 1-7　t_s-p_s 曲线

（5）将实验测定的临界比体积 v_c 与理论计算值一并填入表 1-6，并分析它们之间的差异及其原因。

表 1-6　临界比体积 v_c　　　　　　　　　　　　　　　　　　　　（m^3/kg）

标准值	实验值	计算值 $v_c = \dfrac{3RT_c}{8p_c}$
0.00212		

1.3.6　注意事项

（1）除 $t = 20℃$ 时，需加压至绝对压力为 9.8MPa 外，其余各等温线均在 5～9MPa 间测出 h 值，绝对不允许表压超过 10MPa，实验温度 $t \leqslant 50℃$。

（2）一般取 h 时压力间隔可取在 1～2MPa，但接近饱和状态和临界状态时，取压间隔应为 0.5MPa。

（3）实验中取 h 时，应使视线与水银柱凸面对齐。

（4）实验中加压及减压过程一定要缓慢均匀。

1.4　喷管特性实验

1.4.1　实验目的

（1）验证并进一步加深对喷管中气流基本规律的理解，建立临界压力、临界流速和最大流量等喷管临界参数的概念。

（2）明确渐缩喷管出口处的压力不可能低于临界压力，流速不可能高于音速，流量不可能大于最大流量；明确缩放喷管中的压力可以低于临界压力，流速可高于当地音速，而流量不可能大于最大流量。

（3）学习压力、流量等测量仪表的使用方法。

（4）测量并绘制喷管内的压力分布曲线及流量曲线，做出定性的解释。

1.4.2　实验原理

（1）喷管中气流的基本规律。可压缩气体一元稳定等熵流动的连续方程、能量方程和状态方程如下。

连续方程：
$$\frac{dc}{c} + \frac{dA}{A} - \frac{dv}{v} = 0 \qquad (1-22)$$

能量方程：
$$\frac{dp}{p} + k\frac{dv}{v} = 0 \qquad (1-23)$$

状态方程：
$$cdc = -vdp \qquad (1-24)$$

结合声速公式 $a = \sqrt{kpv}$，马赫数 $M = c/a$ 得

$$\frac{dA}{A} = (M^2 - 1)\frac{dc}{c} \qquad (1-25)$$

式中　c——气流速度，m/s；

　　　v——气体比体积，m^3/kg；

　　　A——气流截面积，m^2；

　　　p——气体压力，Pa；

　　　k——绝热指数。

显然，要使喷管中气流加速，当 $M < 1$ 时，喷管应为渐缩型（$dA < 0$）；当气流 $M > 1$ 时，喷管应为渐扩型（$dA > 0$）。

14

假设喷管进口截面上的速度可以忽略,即把进口截面上气流的状态视作滞止状态,即可得喷管出口截面上的速度

$$v_2 = \sqrt{\frac{2k}{k-1} \frac{p_0}{\rho_0} \left[1 - \left(\frac{p_2}{p_0} \right)^{\frac{k-1}{k}} \right]} \tag{1-26}$$

通过喷管的质量流量

$$\dot{m} = \rho_2 c_2 A_2 = \rho_0 A_2 \sqrt{\frac{2k}{k-1} \frac{p_0}{\rho_0} \left[\left(\frac{p_2}{p_0} \right)^{\frac{2}{k}} - \left(\frac{p_2}{p_0} \right)^{\frac{k+1}{k}} \right]} \tag{1-27}$$

式中 p_0,ρ_0——分别为进口截面上气流的滞止压力和滞止密度,Pa、kg/m³;

p_2,ρ_2——分别为出口截面上气流的压强和密度,Pa、kg/m³;

c_2,A_2——分别为出口截面上气流的流速和截面积,m/s、m²。

(2)气体流动的临界概念。喷管中气流的特征是 $dp < 0$,$dc > 0$,$dv > 0$,三者之间互相制约。当某一截面的速度达到当地音速时,气流处于从亚音速变为超音速的转折点,通常称为临界状态。临界压力与喷管初速 p_1 之比为临界压力比,即

$$\gamma = \frac{p_c}{p_1} = \left(\frac{2}{k+1} \right)^{\frac{k}{k+1}} \tag{1-28}$$

对于空气,$\gamma = 0.528$。

当渐缩喷管出口处气流速度达到音速,或缩放喷管喉部达到音速时,通过喷管的气体流量便达到了最大值,或成临界流量。可由式(1-29)确定

$$\dot{m}_{max} = A_{min} \sqrt{\frac{2k}{k+1} \left(\frac{2}{k+1} \right)^{\frac{2}{k-1}} \cdot \frac{p_1}{v_1}} \tag{1-29}$$

式中 A_{min}——最小截面积(对渐缩喷管即为出口处的流通截面积,对缩放喷管即为喉部的面积),m²。

(3)气体在喷管中的流动。喷管中参数变化如图1-8、图1-9所示。

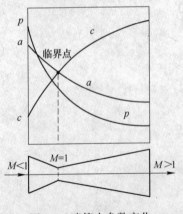

图1-8 喷管中参数变化

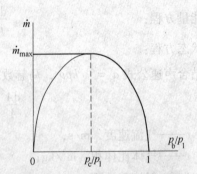

图1-9 质量流量随压力比的变化

1)渐缩喷管。渐缩喷管因受几何条件($dA < 0$)的限制,由式(1-25)可知:气体流速只能等于或低于音速($c \leqslant a$);出口截面的压力只能高于或等于临界压力($p_2 \geqslant p_c$);通过喷管的流量只能等于或小于最大流量($\dot{m} \leqslant \dot{m}_{max}$)。

2）缩放喷管。缩放喷管的喉部 $dA = 0$，因而气流可达到音速（$c = a$）；扩大段 $dA > 0$，出口截面处的流速可超音速（$c > a$），其压力可低于临界压力（$p_2 < p_c$），但因喉部几何尺寸的限制，其流量的最大值仍为最大流量（$\dot{m}_{max}$）。

1.4.3 实验装置

喷管实验装置如图 1-10 所示。空气由吸气口 1 进入进气管，流过孔板流量计 4，流量的数值可从 U 形管压差计 2 读取。喷管 6 用有机玻璃制成，有渐缩、缩放两种形式，如图 1-11、图 1-12 所示。根据实验要求，可松开夹持法兰盘上的紧固螺丝，向外推开进气管的三轮支架 5，更换所需喷管。喷管各截面上的压力（负压）由插入喷管内的测压探针连至负压真空表 9 测得，测压探针在喷管内移动可通过手轮、螺杆等机构 11 实现，自动测量时由电控箱中的电动机直接驱动。在喷管后的排气管上还装有背压真空表 8。真空稳压罐 7 起稳定背压作用。罐内的真空度通过调节阀 13 或 14 来调节，为了减少振动，真空罐与缓冲连接软管 15 连接。

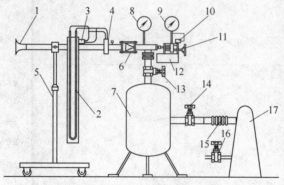

图 1-10　喷管结构

1—入口段；2—U 形压差计；3—压差传感器；4—孔板流量计；5—支撑架；6—喷管；7—真空稳压罐；
8—背压真空表；9—负压真空表；10—负压传感器；11—探针取压移动机构；12—电控箱；
13—罐前调节阀；14—罐后调节阀；15—缓冲连接软管；16—冷却水阀门；17—真空泵

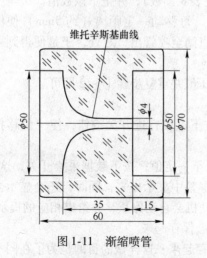

图 1-11　渐缩喷管

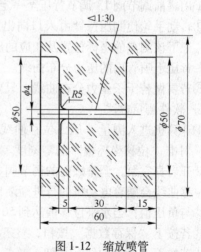

图 1-12　缩放喷管

计算机测控装置包括：负压传感器 10、压差传感器 3、位移电位器、电控板、电动机和计算机。负压传感器、压差传感器、位移电位器分别把负压、压差和位移信号换成电信号，由电控板将其转化为数字信号，并通过 RS-232 接口发给计算机，由计算机软件直接绘出实验曲线。

1.4.4　实验方法与步骤

（1）装上所需的喷管，使"坐标校准器"指针对准"位移坐标板"零刻度时，探针的测压孔正好在喷管的入口处。

（2）打开罐前的调节阀 13，将真空泵的飞轮盘车 1～2 转，打开冷却水阀门，关闭罐后调节阀 14，然后启动真空泵，一切正常后，全开罐后调节阀 14。

（3）测量喷管轴向压力分布情况 $p_x/p_1 = f(x)$（图 1-13）。

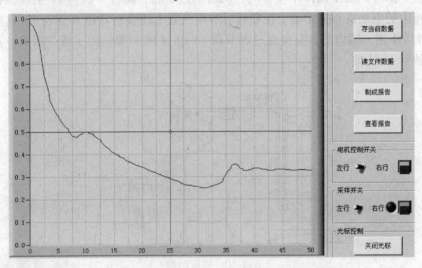

图 1-13　喷管轴向压力分布曲线 $p_x/p_1 = f(x)$

1）手动测量方法：

①用罐前调节阀 13 调节背压至一定值（见真空表 8 读数），并记下该数值。

②转动手轮使测压探针由入口向出口方向移动，每移动一定距离（约 5 mm）便停顿一下，记下该测点的坐标位置及相应的压力值，一直测至喷管出口之处，于是便得到一条在这一背压下喷管内的压力分布曲线。

③若要做若干条压力分布曲线，只要改变其背压值并重复步骤①～②即可。

2）软件测量方法：

①计算机进入测量"压力位移曲线"界面，按下电极行进开关按钮，使"位移指示指针"对准"位移坐标板"的零刻度。

②开启真空泵，调整罐前的调节阀 13 调节背压至一定值；按下数据采集开关，这时，压力位移曲线会随着电动机的行进渐渐地在计算机屏幕中显示出来，同时，还会显示当前的位移与负压值；当水平位移值达到 50 mm 时，电动机会自动停止，并给出相应的提示。

③若按下"保存数据"按钮，整条曲线数据将会保存起来。

④若按下"暂存曲线"按钮，整条曲线会被暂存起来，这样做的目的是为了在同一坐标下显示多条曲线。

⑤若按下"制作报告"按钮，当前的所有的实验参数和测量数据将会在 EXCEL 显示出来，同时还会把测量曲线给 EXCEL，结果如图 1-14 所示。

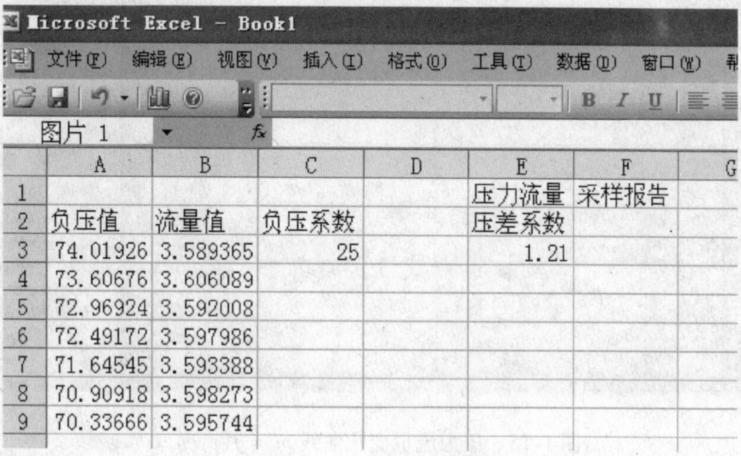

	A	B	C	D	E	F	G
1					压力流量	采样报告	
2	负压值	流量值	负压系数		压差系数		
3	74.01926	3.589365	25		1.21		
4	73.60676	3.606089					
5	72.96924	3.592008					
6	72.49172	3.597986					
7	71.64545	3.593388					
8	70.90918	3.598273					
9	70.33666	3.595744					

图 1-14　测量数据表

⑥若调整罐前调节阀改变喷管背压值，重复以上步骤，便可得到另一条压力分布曲线。

（4）测量喷管流量变化情况：$\dot{m} = f(p_b/p_1)$。

1）手动测量方法：

①转动手轮把测压探针的引压孔移到喷管出口截面之外（大约 40mm）。打开罐后调节阀 14，关闭罐前调节阀 13。

②逐渐打开罐前的压力调节阀来调背压，每变化 0.01MPa 便停顿一下，同时将背压值和 U 形管压差计的读数记下来。当背压降低至某一值时，U 形管压差计的液柱便不再变化（即流量已达到了最大值）。此后尽管不断地降低背压，但 U 形管压差计的液柱仍保持不变，这时再测 2~3 点，至此，流量测量即可结束。渐缩喷管和缩放喷管的流量变化曲线如图 1-9 所示。

2）软件测量部分：

①计算机进入测量"压力流量曲线"界面。按下电动机行进开关按钮，将"位移指示指针"移至"位移坐标板"大约 40mm 刻度处。打开罐后调节阀 14，关闭罐前调节阀 13。

②逐渐打开罐前的压力调节阀 13，按下数据采集开关，这时，压力流量曲线会随着压力调节阀渐渐关闭在计算机屏幕中显示出来，同时，还会显示当前的压差值与流量值。

③当罐后的压力调节阀彻底关闭时，屏幕上会显示一条完整的压力流量曲线，结果如图 1-15 所示。

（5）渐缩喷管和缩放喷管的压力和流量测量方法相同。但应注意的是，测量临界参数必须把测压孔对准喉部最小截面处。

（6）实验结束后的设备操作：打开罐前调节阀 13，关闭罐后调节阀 14，让真空稳压罐 7 充气。3min 后关闭真空泵，立即打开罐后调节阀 14，让真空泵充气（防止回油），最后关闭冷却水阀门。

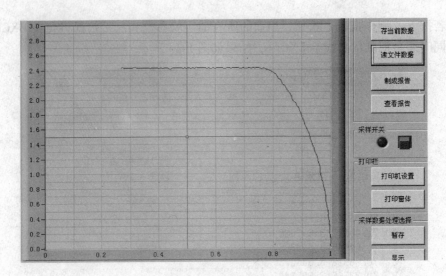

图 1-15　压力流量变化曲线 $\dot{m} = f(p_b/p_1)$

1.4.5　实验数据及处理

（1）计算：

1）压力测量公式为

$$p_x = p_a - p_v \tag{1-30}$$

式中　p_x——喷管中探针压力取样孔所对应的绝对压力，Pa；

p_a——大气压力计读数，Pa；

p_v——真空压力表读数，Pa。

由于喷管前装有孔板流量计，气流有压力损失。

$$p_1 = p_a - 0.97\Delta p \tag{1-31}$$

$$\Delta p = 9.8\Delta h \tag{1-32}$$

式中　p_1——喷管入口处的绝对压力值，Pa；

Δp——孔板流量计两端的压差，即 U 形压差计读数，Pa；

Δh——U 形管比压计两管液面高度差，mmH_2O。

2）流量测量公式。孔板流量计流量的计算公式为

$$\dot{m} = 4.3836 \times 10^{-2}\varepsilon\beta\omega\sqrt{\Delta p} \tag{1-33}$$

式中　ε——流速膨胀系数，$\varepsilon = 1 - 0.2927 \times 10^{-2}\dfrac{\Delta p}{p_a}$；

β——气态修正系数，$\beta = 0.0583\sqrt{\dfrac{p_a}{t_a + 273.5}}$；

ω——几何修正系数（需标定，本试验条件下 $\omega = 1$）；

t_a——大气温度，℃。

在本实验中 $\varepsilon\beta\omega$ 乘积约等于 1。

（2）绘制曲线：

1）以测压探针孔在喷管中的位置 x 为横坐标，以 p_x/p_1 为纵坐标绘制不同工况下的压

力分布曲线 $p_x/p_1 = f(x)$。

2）以压力 p_b/p_1 为横坐标，以流量 $\dot{m}$ 为纵坐标，绘制流量曲线 $\dot{m} = f(p_b/p_1)$。

（3）根据条件，计算喷管最大流量的理论值，且与实验值比较。

1.4.6　注意事项

（1）在开启真空泵前，需打开罐后的调节阀 14，将真空泵的飞轮盘车 1～2 转，并打开真空泵的冷却水阀。

（2）实验结束后，打开罐前调节阀 13，关闭罐后调节阀 14，让真空稳压罐 7 充气。3min 后关闭真空泵，立即打开罐后调节阀 14，让真空泵充气（防止回油），最后关闭冷却水阀门。

流体力学实验

2.1 流谱流线演示实验

2.1.1 实验目的

（1）了解电化学法流动显示方法。

（2）观察流体运动的流线、迹线和脉线，了解汇流、平行流、圆柱绕流等几种简单势流的流谱。

（3）应用势流理论分析机翼绕流等问题。

2.1.2 实验原理

本实验的流谱流线演示选用电化学法电极染色显示流线技术，电化学法电极染色原理如下：

工作液体是由酸碱度指示剂配制的水溶液，当其酸碱度呈中性（pH 为 6～7）时，流体为橘黄色；若略呈碱性（pH＞7～8）时，液体变为紫红色；若略呈酸性（pH＜6）时，液体则变为黄色。

水在直流电极作用下会发生水解电离，水解离子方程式为

$$4H_2O \xrightleftharpoons{\text{电离}} 4H^+ + 4OH^- \tag{2-1}$$

在阴极（"－"极）上有

$$4H^+ + 4e^- \Longrightarrow 2H_2\uparrow \tag{2-2}$$

剩余的 $4OH^-$ 使阴极附近原为中性的液体变为碱性，被染成紫红色。

在阳极（"＋"极）上有

$$4OH^- - 4e^- \Longrightarrow 2H_2O + O_2\uparrow \tag{2-3}$$

剩余的 $4H^+$ 使阳极附近原为中性的液体变成酸性，被染成黄色。

当将阴阳电极附近的液体混合后，即发生中和反应，工作液体仍然恢复到电解前的酸碱度（中性），液体可循环使用。至于电极上产生的氢、氧气体，当电极电压小于 4V 时，所产生的气体是微量的，能溶于水，不会形成气泡干扰流场。

2.1.3 实验装置

本实验装置一套共 3 台，分别用以演示机翼绕流、圆柱绕流和管渠过流，实验装置及各部分名称如图 2-1 所示。

装置的显示面由两块透明有机玻璃平板贴合而成，平板之间留有狭缝过流通道。工作液体在水泵驱动下自仪器下部的蓄水箱流出，自下而上流过狭缝流道显示面，再经顶端的

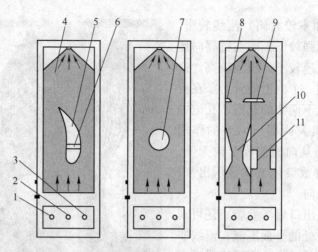

图 2-1 流谱流线演示装置

1—水泵开关；2—对比度旋钮；3—电源开关；4—狭缝流道显示面；5—机翼扰流模型；

6—孔道；7—圆柱绕流模型；8—孔板及孔板流段；9—闸板及闸板流段；

10—文丘里管及文丘里管流段；11—突然扩大及突然缩小流段

汇流孔流回到蓄水箱中，图中箭头表示流向。在显示面底部的起始段流道内设有两排等间距的电极，如图 2-2 所示。

工作液体为一种橘黄色显示液，水泵开启，工作液体流动，流经正电极液体被染成黄色，流经负电极液体被染成紫红色，形成红黄相间的流线。工作液体流过显示面后，经水泵混合，中和消色，可循环使用。

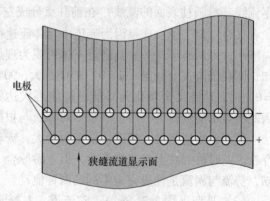

图 2-2 电极设置

2.1.4 实验方法与步骤

（1）启动。将随同仪器配备的显示剂药粉与蒸馏水按说明书比例配制成工作液体后，注入仪器水箱内，即可投入正常使用。插上 220V 电源，打开水泵开关、电源开关及微开流速调节阀（在箱体内），随着流道内工作液体缓慢流动，液体在电化学作用下逐渐会显示出红色与黄色相间的流线，并沿流程向上延伸。

（2）对比度调节。调节对比度旋钮可改变电极电压从而改变流线色度。色度太低，对比度差，流线显示不清晰；色度太高，电极上会产生气泡，干扰流场。一般应使电压调至 3~4V，流线清晰，又无气泡干扰。对比度调节好后可长期不动。

（3）观察质点运动。为了观察流线上质点的运动状况，演示时可将泵暂时关闭 1~2s 后再重新开启。

2.1.5 实验结果

图 2-3 是该仪器所显示的流线流谱照片。

（1）Ⅰ型（图 2-3（a））。单流道，演示机翼绕流的流谱。由流动显示可见，在机翼向天侧（外包线曲率较大侧）流线较密，表明流速较大，压强较低；而在机翼向地侧，流线较疏，流速较小，压强较高。这表明整个机翼受到一个向上的升力。在机翼腰部开有沟通上下两侧的孔道，孔道中有染色电极。在机翼两侧压力差的作用下，有分流经孔道从向地侧流至向天侧，通过孔道中电极释放染色流体显示出来，流动方向即升力方向。

此外，在流道出口端（上端）还可观察到流线汇集到一处的平面汇流，流线非常密集但无交叉，从而也验证了流线不会重合的特性。

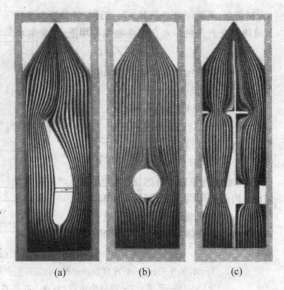

(a)　　　　(b)　　　　(c)

图 2-3　流线流谱照片

（2）Ⅱ型（图 2-3（b））。单流道，演示圆柱绕流的流谱。由流动显示可见，零流线（沿圆柱表面的流线）在前驻点分成左右两支，经 90°点（$u = u_{max}$）后在背滞点处二者又合二为一了。这是因为流道中流体流速很低（$0.5 \times 10^{-2} \sim 1.0 \times 10^{-2}$ m/s），能量损失极小，可忽略不计。故其绕流流体可视为理想流体，流动可视为势流。由伯努利方程可知，圆柱绕流在前驻点（$u = 0$）势能最大，90°点（$u = u_{max}$）势能最小，而到达后滞点（$u = 0$）时，动能又全转化为势能，势能再次达到最大。故其流线又复原到驻点前的形状。因此所显示的圆柱上下游流谱基本对称，与根据势流理论得出的圆柱绕流流谱基本相同。

然而，当适当增大流速，雷诺数增大，流动由势流变成涡流后，流线的对称性就不复存在。此时虽圆柱上流流谱不变，但下游原合二为一的染色线被分开，尾流出现。由此可知，势流与涡流是性质完全不同的两种流动。

（3）Ⅲ型（图 2-3（c））。双流道。左侧演示文丘里管、孔板、逐渐缩小与逐渐扩大；右侧演示为突然扩大、突然缩小、明渠闸板（管道阀门）等流段纵剖面上的流谱。演示是在小雷诺数下进行，液体在流经这些流段时断面有扩大有缩小。由于边界本身也是一条流线，通过在边界上布设的电极能显示出边界流线。

由流线显示还可说明均匀流、渐变流和急变流的流线特征。如直管段流线平行，为均匀流。文丘里的喉管段流线的切线大致平行，为渐变流。突缩、突扩处流线夹角大或曲率大，为急变流。

2.1.6　实验分析与讨论

（1）在定常状态下，从仪器中看到的染色线是流线还是迹线？

（2）实验观察到驻点的流线发生转折或分叉，这是否与流线的性质矛盾？

（3）势流下的圆柱绕流是否有升力存在？为什么？

2.1.7　注意事项

（1）本实验装置在工作时，工作溶液的 pH 必须适中，一般要求在 7～8 之间，溶液呈橘黄色，否则影响显示效果。

（2）本实验装置在工作时，一般要求流速在 $0.005 \sim 0.015 \mathrm{m/s}$ 之间，速度太快流线不清晰，速度太慢流线不稳定。

2.2　不可压缩流体恒定流能量方程（伯努利方程）实验

2.2.1　实验目的

（1）验证流体恒定总流的能量方程（伯努利方程）。

（2）通过对水动力学诸多水力现象的实验分析研讨，进一步掌握有压管流中水动力学的能量转换特性。

（3）掌握流速、流量、压强等水力要素的实验量测技能。

2.2.2　实验原理

（1）伯努利方程

在实验管路中沿管内水流方向取 n 个过流断面，在恒定流动时可以列出进口断面（1）至另一断面（i）的能量方程式（$i = 2,3,\cdots,n$）

$$Z_1 + \frac{p_1}{\gamma} + \frac{\alpha_1 u_1^2}{2g} = Z_i + \frac{p_i}{\gamma} + \frac{\alpha_i u_i^2}{2g} + h_{\mathrm{w}1-i} \tag{2-4}$$

取 $\alpha_1 = \alpha_2 = \cdots = \alpha_n = 1$，选好基准面，从已设置的各断面的测压管中读出 $Z + \dfrac{p}{\gamma}$ 值，测出通过管路的流量，即可计算出断面平均流速 u 及 $\dfrac{\alpha u^2}{2g}$，从而可得到各断面测管水头和总水头。

（2）过流断面性质：

1）均匀流或渐变流断面流体动压强符合静压强的分布规律，即在同一断面上 $Z + \dfrac{p}{\gamma} = C$，在不同过流断面上的测压管水头不同，$Z_1 + \dfrac{p_1}{\gamma} \neq Z_2 + \dfrac{p_2}{\gamma}$。

2）急变流断面上 $Z + \dfrac{p}{\gamma} \neq C$。

2.2.3　实验装置

（1）实验装置如图 2-4 所示。

（2）装置说明。

1）本仪器测压管有两种：

①毕托管测压管（表 2-1 中标 * 的测压管），用以测量毕托管探头对准点的总水头值 $H'\left(= Z + \dfrac{p}{\gamma} + \dfrac{v^2}{2g} \right)$，须注意一般情况下 H' 与断面平均总水头值 $H\left(= Z + \dfrac{p}{\gamma} + \dfrac{u^2}{2g} \right)$ 不同（因一般 $v \neq u$），它的水头线只能定性表示总水头变化趋势，不能用于定量计算。

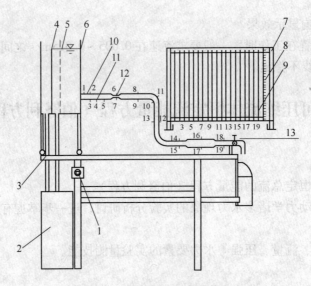

图 2-4　伯努利方程实验装置

1—可控硅无级调速器；2—自循环供水器；3—实验台；4—溢流板；5—稳水孔板；
6—恒压水箱；7—测压计；8—滑动测量尺；9—测压管；10—实验管道；
11—测压点；12—毕托管；13—实验流量调节阀

②普通测压管（表 2-1 中未标 ∗ 者），用以定量测量测压管水头值。

2）流量测量——称重法或体积法。称重法或体积法是在某一固定的时间段内，计量流过水流的重量或体积，进而得出单位时间内流过的流体量，是依据流量定义的测量方法。

本实验流量用阀 13 调节，流量用称重法或体积法测量。用秒表计时，用电子秤称重，小流量时也可用量筒测量流体体积。为保证测量精度，一般要求计时大于 15 ~ 20s。

3）测点所在管段直径。测点 6^*、7 所在喉管段直径为 d_2，测点 16^*、17 所在扩管段直径为 d_3，其余直径均为 d_1。

2. 2. 4　实验方法与步骤

（1）熟悉实验设备，分清哪些测管是普通测压管，哪些是毕托管测压管，以及两者功能的区别。

（2）打开开关供水，使水箱充水，待水箱溢流，全开调节阀 13，将实验管道 10 中气体完全排尽，再检查调节阀关闭后所有测压管水面是否齐平。如不平则需查明故障原因（如连通管受阻、漏气或夹气泡等）并加以排除，直至调平。

（3）打开阀 13，观察思考：1）测压管水头线和总水头线的变化趋势。2）位置水头、压强水头之间的相互关系。3）测点 2、3 测管水头同否，为什么？4）测点 12^*、13 测管水头是否不同，为什么？5）当流量增加或减少时测管水头如何变化。

（4）调节阀 13 开度，待流量稳定后，测记各测压管液面读数，同时测记实验流量（毕托管供演示用，不必测记读数）。

（5）改变流量 2 次，重复上述测量。其中一次阀门开度大至使 19 号测管液面接近标尺零点。

2.2.5 实验数据及处理

（1）记录有关常数。

实验装置名称：_____；实验台号：_____；

均匀段 $d_1 = $ _____ cm；喉管段 $d_2 = $ _____ cm；扩管段 $d_3 = $ _____ cm；

水箱液面高程 $\nabla_0 = $ _____ cm；上管道轴线高程 $\nabla_x = $ _____ cm。

基准面选在标尺的零点上。

将结果记入表 2-1。

表 2-1　管径记录表

测点编号	1 *	2 3	4	5	6 * 7	8 * 9	10 11	12 * 13	14 * 15	16 * 17	18 * 19
管径/cm											
两点间距/cm	4	4	6	6	4	13.5	6	10	29.5	16	16

注：1. 标"＊"者为毕托管测点（测点编号见图 2-4）。

　　2. 测点 2、3 为直管均匀流段同一断面上的两个测压点，10、11 为弯管非均匀流段同一断面上的两个测点。

（2）测量 $\left(Z + \dfrac{p}{\gamma} \right)$ 并记入表 2-2。

表 2-2　测记 $\left(Z + \dfrac{p}{\gamma} \right)$ 数值表　　　　　（cm）

测点编号		2	3	4	5	7	9	10	11	13	15	17	19	G /kg	τ /s	V /cm^3
实验 次序	1															
	2															
	3															

（3）计算流速水头和总水头（表 2-3、表 2-4）。

表 2-3　流速水头 $\left(\dfrac{u^2}{2g} \right)$　　　　　（cm）

管径 d/cm	$Q = V/t = $　cm^3/s			$Q = V/t = $　cm^3/s			$Q = V/t = $　cm^3/s		
	A /cm^2	v /cm·s^{-1}	$\dfrac{u^2}{2g}$/cm	A /cm^2	v /cm·s^{-1}	$\dfrac{u^2}{2g}$/cm	A /cm^2	v /cm·s^{-1}	$\dfrac{u^2}{2g}$/cm

表 2-4　总水头 $\left(H = Z + \dfrac{p}{\gamma} + \dfrac{\alpha u^2}{2g} \right)$　　　　　（cm）

测点编号		2	4	5	7	9	13	15	17	19	Q /cm$^3 \cdot$ s^{-1}
实验 次序	1										
	2										
	3										

（4）绘制上述成果中最大流量下的总水头线 E-E 和测压管（选用流量最大的一组数据）水头线 p-p（轴向尺寸如图 2-5 所示，总水头线和测压管水头线可以绘制在图 2-5 上）。

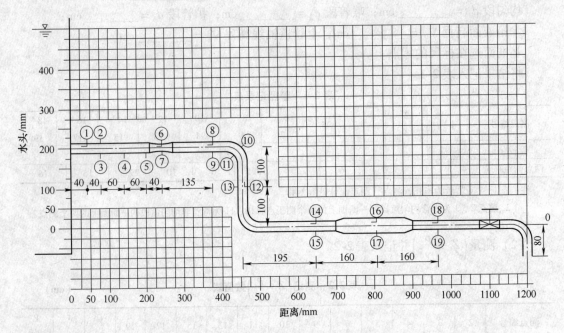

图 2-5　总水头线和测压管水头线坐标图

提示：

1）p-p 线依表 2-2 数据绘制，其中测点 10、11、13 数据不用。

2）在等直径管段 E-E 与 p-p 线平行。

2.2.6　实验分析与讨论

（1）测压管水头线和总水头线的变化趋势有何不同，为什么？

（2）毕托管所显示的总水头线与实测绘制的总水头线一般都略有差异，试分析其原因。

（3）为什么急变流断面不能被选作能量方程的计算断面？

2.3　毕托管测量水流速度

2.3.1　实验目的

（1）通过对管嘴淹没出流点流速系数的测量，掌握用毕托管测量点流速的方法。

（2）了解普朗特型毕托管的构造和适用性，并检验其测量精度，进一步明确传统流体力学测量仪器的现实作用。

2.3.2　实验原理

　　毕托管是以其发明者、法国工程师 H. Pitot 的名字命名的，它由总压探头和静压探头组成，利用流体总压与静压之差，即动压来测量流速，故也称动压管。毕托管的特点是结构简单、制造使用方便、价格低廉，而且只要精心制造并经过严格标定和适当修正，即可在一定的速度范围内达到较高的测量精度。所以经历了两个多世纪后毕托管仍是热能与动力机械中最常用的流速测量手段。毕托管的测量范围：水流为 0.2 ~ 2m/s，气流为 1 ~ 60m/s。

　　毕托管的结构图、原理图如图 2-6、图 2-7 所示，它是一根两端开口的 90°弯管，下端垂直指向上游，另一端竖直，并与大气相通。沿流线取相近两点 1、2，点 1 处未受毕托管干扰，流速为 u，点 2 在毕托管驻点处，流速为零。流体质点自点 1 流到点 2 其动能转化为位能，使竖直液面升高，超出静压强为 Δh 水柱高度。沿流线列伯努利方程，忽略 1、2 两点间的能量损失，有

$$0 + \frac{p_1}{\gamma} + \frac{u^2}{2g} = 0 + \frac{p_2}{\gamma} + 0 \tag{2-5}$$

　　式（2-5）可写为

$$p_1 + \frac{1}{2}\rho u^2 = p_2 \tag{2-6}$$

式中　p_1，p_2——流体的静压和全压，Pa；
　　　　u——毕托管测点处的点流速，cm/s。

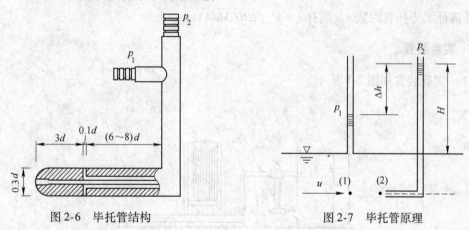

图 2-6　毕托管结构　　　　　　　　图 2-7　毕托管原理

　　由式（2-6）可得

$$u = \sqrt{\frac{2(p_2 - p_1)}{\rho}} \tag{2-7}$$

　　可见，通过测量流体的全压 p_2 和静压 p_1，或它们的压差 Δp，就可以根据式（2-7）计算流体的流速，这就是毕托管测速的基本原理。

　　当采用液柱测压计时

$$\frac{p_2}{\gamma} - \frac{p_1}{\gamma} = \Delta h \tag{2-8}$$

式中　Δh——毕托管全压水头与静压水头之差，cm。

式（2-7）变为

$$u = \sqrt{2g\Delta h} \tag{2-9}$$

考虑到水头损失及毕托管在生产过程中产生的结构误差，以及在水中引起的扰动影响等原因，用毕托管测得的流速可能会偏离实际流速，故引入毕托管的修正系数 c，式（2-9）改写为

$$u = c\sqrt{2g\Delta h} = k\sqrt{\Delta h} \tag{2-10}$$

其中

$$k = c\sqrt{2g} \tag{2-11}$$

式中　c——毕托管的修正系数，简称毕托管因数。

对于管嘴淹没出流，管嘴作用水头、流速系数与流速之间又存在着如下关系

$$u = \varphi'\sqrt{2g\Delta H} \tag{2-12}$$

联解以上三式可得

$$\varphi' = c\sqrt{\Delta h/\Delta H} \tag{2-13}$$

式中　u——测点处点流速，由毕托管测定，cm/s；

　　　φ'——测点流速系数；

　　　ΔH——管嘴的作用水头，cm。

故本实验只要测出 Δh 和 ΔH，便可测出点流速系数 φ'，与实际流速系数比较（经验值 $\varphi' = 0.995$），便可得出测量精度。

若需标定毕托管因数 c，则有 $c = \varphi'\sqrt{\Delta H/\Delta h}$。

2.3.3　实验装置

（1）实验装置如图 2-8 所示。

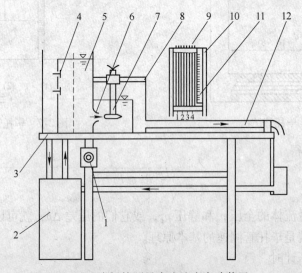

图 2-8　毕托管测量水流速度实验装置

1—可控硅无级调速器；2—自循环供水器；3—实验台；4—水位调节阀；5—恒压水箱；6—管嘴；
7—毕托管；8—尾水箱与导轨；9—测压管；10—测压计；11—滑动测量尺（滑尺）；12—上回水管

（2）装置说明。经淹没管嘴6，将高低水箱水位差的位能转换成动能，并用毕托管测出其点流速值。毕托管测量管嘴淹没射流核心处的点流速时，将毕托管动压孔口对准管嘴中心，距离管嘴出口约2～3cm；测量射流过流断面流速分布时，毕托管前端距离管嘴出口宜为3～5cm。测压计10的测压管1、2用以测量高、低水箱位置水头，测压管3、4用以测量毕托管的全压水头和静压水头，水位调节阀4用以改变测点的流速大小。

2.3.4　实验方法与步骤

（1）准备：1）熟悉实验装置各部分名称、作用性能，搞清构造特征、实验原理。2）用医塑管将上下游水箱的测点分别与测压计中的测管1、2相连通。3）将毕托管对准管嘴，距离管嘴出口处约2～3cm，上紧固定螺丝。

（2）开启水泵：顺时针打开调速器开关1，将流量调节到最大。

（3）排气：待上下游溢流后，用吸气球（如医用洗耳球）放在测压管口部抽吸，排除毕托管及各连通管中的气体，用静水匣罩住毕托管，可检查测压计液面是否齐平，液面不平可能是空气没有排尽，必须重新排气。

（4）测记各有关常数和实验参数，填入实验表格。

（5）改变流速：操作调节阀4并相应调节调速器1，使溢流量适中，共可获得三个不同恒定水位与相应的不同流速。改变流速后，按上述方法重复测量。

（6）完成下述实验项目：

1）分别沿垂向和沿流向改变测点的位置，观察管嘴淹没射流的流速分布。

2）在有压管道测量中，管道直径相对毕托管的直径在6～10倍以内时，误差在2%～5%以上，不宜使用，试将毕托管头部伸入到管嘴中，予以验证。

（7）实验结束时，按步骤（3）的方法检查毕托管测压计是否齐平。

2.3.5　实验数据及处理

（1）记录计算有关常数。

实验装置名称：＿＿＿＿＿＿＿＿＿＿；实验台号：＿＿＿＿＿＿＿＿＿＿；

毕托管校正系数 $c =$ ＿＿＿＿＿＿；$k = c\sqrt{2g} =$ ＿＿＿＿＿＿ $cm^{0.5}/s$。

（2）记录及计算。

将结果记入表2-5。

表2-5　实验记录及计算

实验次序	上、下游水位差/cm			毕托管水头差/cm			测点流速 $u = k\sqrt{\Delta h}/cm \cdot s^{-1}$	测点流速系数 $\varphi' = c\sqrt{\Delta h/\Delta H}$
	h_1	h_2	ΔH	h_3	h_4	Δh		
1								
2								
3								
4								

（3）计算测定管嘴出流点流速因数 φ' 及其测量精度。

2.4　毕托管测量管道内气流速度

2.4.1　实验目的

掌握用毕托管测量气体平均流速的方法并计算流量。

2.4.2　实验原理

气体速度是工业炉窑燃烧和热平衡实验中最常遇到的被测量参数之一。实验中需要测量气体速度的介质有冷空气、热空气、热烟气和高温火焰等。

为了得到流量值，需要测量管道截面上的平均流速。由于毕托管仅能测量特定点上的流速，所以要用毕托管测量流量可通过对多个特征速度点进行测量并进行相关的计算以得到管道的平均流速。通常的做法是将管道截面分成面积相等的若干个部分，测量每一部分特征点上的流速作为该部分的平均流速，再乘以面积得到该部分的平均流量，最后把通过各部分面积的流量累加起来就是通过整个管道的流量。这种测量方法叫做速度面积法，是毕托管测量流量的一种基本方法。

将管道截面 A 分成 n 份，每份的截面积为 A_i，每份上的特征速度点为 u_i，下面介绍圆形管道与矩形管道的特征速度点的确定方法。

（1）圆形管道

将管道截面 A 分成 n 个面积相等的同心圆环（最中间的为圆），在每个圆环的等分处布置测量点，其示意图如图 2-9（a）所示。

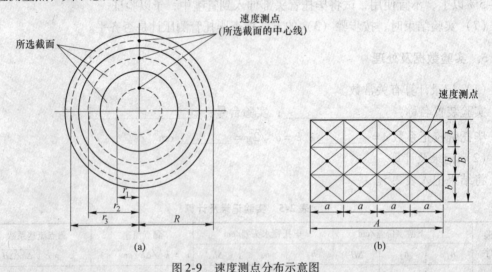

图 2-9　速度测点分布示意图

（a）圆形管道；（b）矩形管道

从圆管中心开始，各分割圆环的等分圆（即测点位置）的半径 r_1，r_2，…，r_n 可按式（2-14）计算（圆管中心不设测量点）

$$r_i = R\sqrt{\frac{2i-1}{2n}} \tag{2-14}$$

式中　r_i——第 i 个截面的半径，i 从最中间的圆环开始计算，m；

　　　R——管道半径，m。

（2）矩形管道

将管道截面 A 分成 n 个面积相等的小矩形，在每个小矩形的对角线交点上布置测量点，其示意图如图 2-9（b）所示。

应用上述方法确定特征速度点测点，测出每个测点的压差值 Δp_i，并由式（2-10）计算出各点的速度 u_i，再由式（2-15）计算出平均速度

$$\bar{u} = \frac{1}{n} \sum_{i=1}^{n} u_i \tag{2-15}$$

则流过整个管道的体积流量 Q 为

$$Q = \bar{u} A \tag{2-16}$$

很显然，n 取得越大，所测得的流量值越接近实际流量。本方法假设最靠近管壁的那个圆环面（小矩形边）上的各点的流速相等，而事实上此区域内的流速变化极为剧烈，这样的假设必然引起较大的误差。因此，管道分割数 n 越少越不容易测准平均流速，故一般要求 $n \geqslant 5$，当管径较小时，在 $150 \sim 300\text{mm}$ 的圆管道中也可采用 $n = 3$。

2.4.3　实验装置

实验装置如图 2-10 所示。

测量时，毕托管全压孔迎向气流，探头轴线需与气流方向平行，倾斜角不得大于 $\pm 12°$。

用毕托管测量时，要求在被测量截面前至少有 $5 \sim 7$ 倍管道当量直径 D 的直管段，在测量截面后至少有 $2 \sim 3$ 倍管道当量直径 D 的均匀直线段。

2.4.4　实验方法与步骤

（1）用卡尺测量所测管道截面的内径，并将管道截面分成等面积的 n 份。

（2）用两根测压管分别将毕托管的全压输出接口与静压输出接口与微压计的两个压力通道输入端连接。

（3）安装毕托管：将毕托管的全压测压孔对准待测测点，调整毕托管的方向，使毕托管的全压测压孔迎向气流，探头轴线与气流方向平行，调整完毕固定好毕托管。

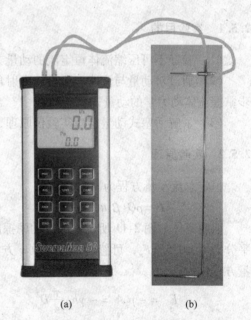

(a)　　　　　　(b)

图 2-10　毕托管测量气流速度装置图
(a) 数字式微压计；(b) 毕托管

（4）用毕托管及微压计测量所有待测点的压差 Δp_i，记录读数。

2.4.5　实验数据及处理

（1）记录计算有关常数。

实验装置名称：＿＿＿＿＿＿＿＿＿；实验台号：＿＿＿＿＿＿＿＿＿；

管道截面积 A ＝＿＿＿＿＿ m^2；毕托管校正系数 c ＝＿＿＿＿＿。

（2）记录及计算。

将结果记入表 2-6。

表 2-6　实验记录及计算表

测量点	$\Delta p_i/Pa$	$u_i/m \cdot s^{-1}$	$\bar{u}/m \cdot s^{-1}$	$Q/m^3 \cdot s^{-1}$
1				
2				
3				
4				
5				
6				
⋮				

2.5　不可压缩流体恒定流动量定律实验

2.5.1　实验目的

（1）验证不可压缩流体恒定流的动量方程。

（2）通过对动量与流速、流量、出射角度、动量矩等因素间相关性的分析研讨，进一步掌握流体动力学的动量守恒定理。

（3）了解活塞式动量定律实验仪原理、构造，进一步启发与培养创造性思维的能力。

2.5.2　实验原理

恒定总流动量方程为

$$F = \rho Q(\beta_2 \boldsymbol{u}_2 - \beta_1 \boldsymbol{u}_1) \qquad (2-17)$$

取脱离体如图 2-11 所示，因滑动摩擦阻力水平分力 $f_x < 0.5\% F_x$，可忽略不计，故 x 方向的动量方程化为

$$F_x = -p_c A = -\gamma h_c \frac{\pi}{4} D^2$$

$$= \rho Q(0 - \beta_1 u_{1x}) \qquad (2-18)$$

即

$$\beta_1 \rho Q u_{1x} - \frac{\pi}{4} \gamma h_c D^2 = 0 \qquad (2-19)$$

式中　F，F_x——动量力，$10^{-8} N$；

　　　　Q——射流流量，cm^3/s；

　　$\boldsymbol{u}_2$，$\boldsymbol{u}_1$，u_{1x}——射流的速度，cm/s；

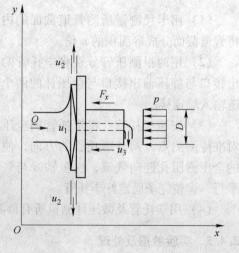

图 2-11　脱离体

β_1，β_2——动量修正系数；

p_c——作用在活塞形心处的压力，Pa；

h_c——作用在活塞形心处的水深，cm；

D——活塞的直径，cm。

实验中，在平衡状态下，只要测得流量 Q 和活塞形心水深 h_c，由给定的管嘴直径 d 和活塞直径 D，代入式（2-19），便可测定射流的动量修正系数 β_1 值，并验证动量定律。其中，测压管的标尺零点已固定在活塞的圆心处，因此液面标尺读数即为作用在活塞圆心处的水深。

2.5.3 实验装置

本实验的装置如图 2-12 所示。

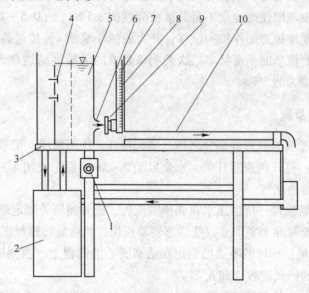

图 2-12　动量定律实验装置

1—可控硅无级调速器；2—自循环供水装置；3—实验台；4—水位调节阀；5—恒压水箱；
6—管嘴；7—集水箱；8—带活塞的测压管；9—带活塞和翼片的抗冲平板；10—上回水管

自循环供水装置 2 由离心式水泵和蓄水箱组合而成。水泵的开启、流量大小的调节均由调速器 1 控制。水流经供水管供给恒压水箱 5，溢流水经回水管流回蓄水箱。流经管嘴 6 的水流形成射流，冲击带活塞和翼片的抗冲平板 9，并以与入射角成 90° 的方向离开抗冲平板。抗冲平板在射流冲力和测压管 8 中的水压力作用下处于平衡状态。活塞形心水深 h_c 可由测压管 8 测得，由此可求得射流的冲力，即动量力 F。冲击后的弃水经集水箱 7 汇集后，再经上回水管 10 流出，最后经漏斗和下回水管流回蓄水箱。

为了自动调节测压管内的水位，以使带活塞的平板受力平衡并减小摩擦力对活塞的影响，本实验装置应用了自动控制的反馈原理和动摩擦减阻技术，其构造如下：

带活塞和翼片的抗冲平板 9 和带活塞套的测压管 8 如图 2-13 所示，该图是活塞退出活塞套时的分部件示意图。活塞中心设有一细导管 a，进口端位于平板中心，出口端伸出活塞头部，出口方向与轴向垂直。在平板上设有翼片 b，活塞套上设有窄槽 c。

工作时，在射流冲力作用下，水流经导水管 a 向测压管内加水。当射流冲击力大于测压管内水柱对活塞的压力时，活塞内移，窄槽 c 关小，水流外溢减少，使测压管内水位升高，水压力增大；反之，活塞外移，窄槽开大，水流外溢增多，测管内水位降低，水压减小。在恒定射流冲击下，经短时段的自动调整，即可达到射流冲击和水压力的平衡状态。这时活塞处在半进半出、窄槽部分开启的位置上，过 a 流进测压管的水量和过 c 外溢的水量相等。由于平板上设有翼片 b，在水流冲击下，平板带动活塞旋转，因而克服了活塞在沿轴向滑移时的静摩擦力。

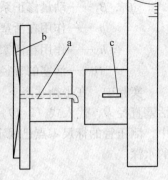

图 2-13　抗冲平板和测压管

为验证本装置的灵敏度，只要在实验中的恒定流受力平衡状态下，人为地增减测压管中的液位高度，可发现即使改变量不足总液柱高度的 $\pm 5‰$（约 $0.5 \sim 1\text{mm}$），活塞在旋转下也能有效地克服动摩擦力而作轴向位移，开大或减小窄槽 c，使过高的水位降低或过低的水位提高，恢复到原来的平衡状态。这表明该装置的灵敏度高达 0.5%，亦即活塞轴向动摩擦力不足总动量力的 5%。

2.5.4　实验方法与步骤

（1）准备：熟悉实验装置各部分名称、结构特征、作用性能，记录有关常数。

（2）开启水泵：打开调速器开关，水泵启动 $2 \sim 3\text{min}$ 后，关闭 $2 \sim 3\text{s}$，以利用回水排除离心式水泵内滞留的空气。

（3）调整测压管位置：待恒压水箱满顶溢流后，松开测压管固定螺丝，调整方位，要求测压管垂直、螺丝对准十字中心，使活塞转动松快，然后旋转螺丝固定好。

（4）测读水位 h_c：标尺的零点已固定在活塞圆心的高程上。当测压管内液面稳定后，记下测压管内液面的标尺读数，即 h_c 值。

（5）测量流量：用体积法或称重法测流量时，每次时间要求大于 20s，若用电测仪测流量时，则须在仪器量程范围内，均需重复测三次再取均值。

（6）改变水头重复实验：逐次打开不同高度上的溢水孔盖，改变管嘴的作用水头 H_0；调节调速器，使溢流量适中，待水头稳定后，按步骤（3）~（5）重复进行实验。

（7）验证 $u_{2x} \neq 0$ 对 F_x 的影响：取下平板活塞，使水流冲击到活塞套内，调整好位置，使反射水流的回射角度一致，记录回射角度的目估值、测压管作用水深 h_c 和管嘴作用水头 H_0。

2.5.5　实验数据及处理

（1）记录有关常数。

实验装置名称：_____；实验台号：_____；

管嘴内径 $d =$ _____ cm；活塞直径 $D =$ _____ cm。

（2）记录及计算。

将结果记入表 2-7。

表2-7　实验记录及计算表

实验次序	质量 G /kg	体积 V /cm³	时间 τ /s	管嘴作用水头 H_0/cm	活塞作用水头 h_c/cm	流量 Q /cm³·s⁻¹	流速 u /cm·s⁻¹	动量力 F /10⁻⁸N	动量修正系数 β_1
1									
2									
3									

（3）取某一流量，绘出脱离体图，阐明分析计算过程。

2.5.6　实验分析与讨论

（1）实测 $\bar\beta$（平均动量修正系数）与公认值（$\beta=1.02\sim1.05$）符合与否？如不符合，试分析原因。

（2）带翼片的平板在射流作用下获得力矩，这对分析射流冲击无翼片的平板沿 x 方向的动量方程有无影响，为什么？

（3）滑动摩擦力 f_x 为什么可以忽略不计？试用实验来分析验证 f_x 的大小，记录观察结果（提示：平衡时，向测压管内加入或取出 1mm 左右深的水量，观察活塞及液位的变化）。

（4）u_{2x} 若不为零会对实验结果带来什么影响？结合实验步骤7的结果予以说明。

2.6　雷诺实验

2.6.1　实验目的

（1）观察层流、紊流的流态及其转换特征。
（2）测定临界雷诺数，掌握圆管流态判别准则。
（3）学习古典流体力学中应用无量纲参数进行实验研究的方法，并了解其实用意义。

2.6.2　实验原理

$$Re=\frac{ud}{\nu}=\frac{4Q}{\pi d\nu}=KQ \qquad (2\text{-}20)$$

式中　u——流体流速，m/s；

ν——流体运动黏度，cm²/s；

d——圆管直径，cm；

Q——圆管内过流流量，cm³/s；

K——计算常数，$K=\dfrac{4}{\pi d\nu}$，s/cm³。

2.6.3　实验装置

本实验的装置如图2-14所示。

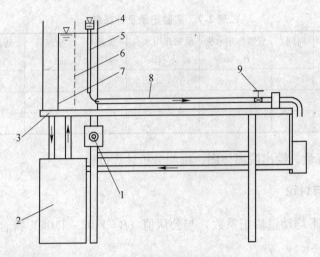

图 2-14 自循环雷诺实验装置

1—可控硅无级调速器；2—自循环供水器；3—实验台；4—恒压水箱；5—有色水水管；
6—稳水孔板；7—溢流板；8—实验管道；9—实验流量调节阀

供水流量由无级调速器调控使恒压水箱 4 始终保持微溢流的状态，以提高进口前水体稳定度。本恒压水箱还设有多道稳水隔板，可使稳水时间缩短到 3～5min。有色水经有色水水管 5 注入实验管道 8，可根据有色水散开与否判别流态。为防止自循环水污染，有色指示水采用自行消色的专用色水。

2.6.4 实验方法与步骤

（1）测记本实验的有关常数。

（2）观察两种流态。打开开关 1 使水箱充水至溢流水位，经稳定后，微微开启调节阀 9，并注入颜色水于实验管内使颜色水流成一直线。通过颜色水质点的运动观察管内水流的层流流态，然后逐步开大调节阀，通过颜色水直线的变化观察层流转变到紊流的水力特征，待管中出现完全紊流后，再逐步关小调节阀，观察由紊流转变为层流的水力特征。

（3）测定下临界雷诺数：

1）将调节阀打开，使管中呈完全紊流，再逐步关小调节阀使流量减小，当流量调节到使颜色水在全管刚呈现出一条稳定直线时，即为下临界状态。

2）等管中出现临界状态时，用体积法或电测法测定流量。

3）根据所测流量计算下临界雷诺数，并与公认值（2320）比较，偏离过大，需重测。

4）重新打开调节阀，使其形成完全紊流，按照上述步骤重复测量不少于三次。

5）同时用水箱中的温度计测记水温，从而求得水的运动黏度。

注意：

①每调节阀门一次，均需等待稳定几分钟。

②关小阀门过程中，只许渐小，不许开大。

③随出水流量减小，应适当调小开关（右旋），以减小溢流量引发的扰动。

（4）测定上临界雷诺数。逐渐开启调节阀，使管中水流由层流过渡到紊流，当色水线刚开始散开时，即为上临界状态，测定上临界雷诺数 1～2 次。

2.6.5　实验数据及处理

（1）记录计算有关常数。

实验装置名称：＿＿＿＿＿＿＿＿＿＿；实验台号：＿＿＿＿＿＿＿＿＿；

管径 $d = $＿＿＿＿＿ cm；水温 $t = $＿＿＿＿＿℃；

运动黏度 $\nu = \dfrac{0.01775}{1 + 0.0337t + 0.000221t^2} = $＿＿＿＿＿ $\mathrm{cm^2/s}$；计算常数 $k = $＿＿＿＿ $\mathrm{s/cm^3}$。

（2）记录及计算。

将结果记入表2-8。

表2-8　实验记录及计算表

实验次序	颜色水线形态	水质量 G/kg	时间 τ/s	流量 $Q/\mathrm{cm^3 \cdot s^{-1}}$	雷诺数 Re	阀门开度增（↑）或减（↓）	备注
1							
2							
3							
4							
5							
6							
7							

实测下临界雷诺数（平均值）$\overline{Re} = $

注：颜色水线形态指稳定直线、稳定略弯曲、直线摆动、直线抖动、断续、完全散开等。

2.6.6　实验分析与讨论

（1）为何认为上临界雷诺数无实际意义，而采用下临界雷诺数作为层流与紊流的判据，实测下临界雷诺数为多少？

（2）分析层流和紊流在运动学特性和动力学特性方面各有何差异。

2.7　局部水头损失实验

2.7.1　实验目的

（1）掌握三点法、四点法测量局部阻力系数的方法。

（2）将突扩管的局部阻力系数实测值与理论值比较，将突缩管的局部阻力系数实测值与经验值比较。

（3）加深对局部阻力损失机理的理解。

2.7.2　实验原理

流体在流动的局部区域，如流体流经管道的突扩、突缩和阀门等处，如图2-15所示，由于固体边界的急剧改变而引起速度分布的变化，甚至使主流脱离边界，形成旋涡区，从而产生的阻力称为局部阻力。断面1至断面2的流程上的总水头损失包含了局部水头损失和沿程水头损失。

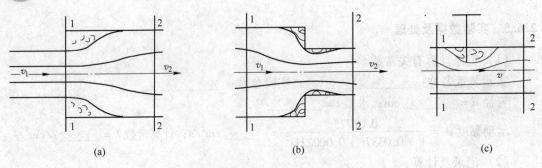

图 2-15 局部水头损失
(a) 突扩；(b) 突缩；(c) 阀门

写出局部阻力前后两断面的能量方程，根据推导条件，扣除沿程水头损失可得以下公式。

(1) 突然扩大。采用三点法计算。三点法是在突然扩大管段上布设三个测点 1、2、3，如图 2-16 所示，其中 $2l_{1-2} = l_{2-3}$。式 (2-21) 中 h_{f1-2} 由 h_{f2-3} 按流程长度比例换算得出。

实测局部阻力

$$h_{je} = \left(h_1 + \frac{\alpha u_1^2}{2g} \right) - \left(h_2 + \frac{\alpha u_2^2}{2g} + h_{f1-2} \right) = \left(h_1 + \frac{\alpha u_1^2}{2g} \right) - \left(h_2 + \frac{\alpha u_2^2}{2g} + \frac{h_2 - h_3}{2} \right) = E_1' - E_2'$$

$$(2-21)$$

其中

$$h_{f1-2} = \frac{h_{f2-3}}{2} = \frac{\Delta h_{2-3}}{2} = \frac{h_2 - h_3}{2} \tag{2-22}$$

式中 h_j ——局部水头损失，cm；

   h_i ——第 i ($i = 1, 2, 3$) 断面的测压管水头值，cm；

E_1'，E_2' ——分别表示式中的前、后括号项，cm。

实测局部阻力系数

$$\zeta_e = h_{je} \Big/ \frac{\alpha u_1^2}{2g} \tag{2-23}$$

理论局部阻力系数

$$\zeta_e' = \left(1 - \frac{A_1}{A_2} \right)^2 \tag{2-24}$$

理论局部阻力

$$h_{je}' = \zeta_e' \frac{\alpha u_1^2}{2g} \tag{2-25}$$

(2) 突然缩小。采用四点法计算。四点法是在突然缩小管段上布设四个测点 3、4、5、6，如图 2-16 所示。B 点为突缩点，$l_{3-4} = 2l_{4-B} = 2l_{B-5} = 2l_{5-6}$。式 (2-26) 中，$h_{f4-B}$ 由 h_{f3-4} 换算得出，h_{fB-5} 由 h_{f5-6} 换算得出。

实测局部阻力

$$h_{js} = \left(h_4 + \frac{\alpha u_4^2}{2g} \right) - \left(h_5 + \frac{\alpha u_5^2}{2g} + h_{f4-5} \right)$$

$$= \left(h_4 + \frac{\alpha u_4^2}{2g} - h_{f4-B} \right) - \left(h_5 + \frac{\alpha u_5^2}{2g} + h_{fB-5} \right) = E'_4 - E'_5 \tag{2-26}$$

其中

$$h_{f4-5} = h_{f4-B} + h_{fB-5} = \frac{h_{f3-4}}{2} + h_{f5-6} = \frac{h_3 - h_4}{2} + h_5 - h_6 \tag{2-27}$$

实测局部阻力系数

$$\zeta_s = h_{js} / \frac{\alpha u_5^2}{2g} \tag{2-28}$$

局部阻力系数经验公式为

$$\zeta'_s = 0.5 \left(1 - \frac{A_5}{A_4} \right) \tag{2-29}$$

经验局部阻力

$$h'_{js} = \zeta'_s \frac{\alpha u_5^2}{2g} \tag{2-30}$$

2.7.3 实验装置

本实验装置如图 2-16 所示。

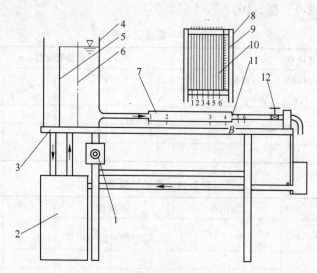

图 2-16 局部阻力系数实验装置

1—可控硅无级调速器；2—自循环供水器；3—实验台；4—恒压水箱；5—溢流板；
6—稳水孔板；7—突然扩大实验管段；8—测压计；9—滑动测量尺；
10—测压管；11—突然收缩实验管段；12—实验流量调节阀

实验管道由小→大→小三种已知管径的管道组成，共设有六个测压孔，测孔 1~3 和 3~6 分别测量突扩和突缩的局部阻力系数。其中测孔 1 位于突扩界面处，用以测量小管出口端压强值。

2.7.4 实验方法与步骤

（1）测记实验有关常数。

（2）打开电子调速器开关，使恒压水箱充水，排除实验管道中的滞留气体，检查泄水阀全关时各测压管液面是否齐平，若不平，则需排气调平。

（3）打开流量调节阀至最大开度，待流量稳定后，测记测压管读数，同时用体积法或用电测法测记流量。

（4）改变流量调节阀开度3～4次，分别测记测压管读数及流量。

（5）实验完成后关闭调节阀，检查测压管液面是否齐平；如不齐平，需重做。

2.7.5　实验数据及处理

（1）记录计算有关常数。

实验装置名称：_____；实验台号：_____；

$d_1 = D_1 =$ _____ cm；$d_2 = d_3 = d_4 = D_2 =$ _____ cm；$d_5 = d_6 = D_3 =$ _____ cm；

$l_{1-2} =$ _____ cm；$l_{2-3} =$ _____ cm；$l_{3-4} =$ _____ cm；

$l_{4-B} =$ _____ cm；$l_{B-5} =$ _____ cm；$l_{5-6} =$ _____ cm；

$\zeta'_e = \left(1 - \dfrac{A_1}{A_2}\right)^2 =$ _____；$\zeta'_s = 0.5\left(1 - \dfrac{A_5}{A_4}\right) =$ _____。

（2）记录及计算。

将结果记入表2-9、表2-10。

表2-9　实验记录表

实验次序	流量 Q			测压管读数/cm					
	水质量 G/kg	时间 τ/s	流量 Q/cm$^3 \cdot$s^{-1}	h_1	h_2	h_3	h_4	h_5	h_6
1									
2									
3									

表2-10　实验计算表

阻力形式	实验次序	流量 Q/cm$^3 \cdot$s^{-1}	前断面		后断面		h_j/cm	实测值 ζ	理论值（经验值）ζ'
			$\dfrac{\alpha u^2}{2g}$/cm	E'_1/cm	$\dfrac{\alpha u^2}{2g}$/cm	E'_2/cm			
突然扩大	1								
	2								
	3								
突然缩小	1								
	2								
	3								

（3）将实测值 ζ 与理论值 ζ'_e（突扩）或经验值 ζ'_s（突缩）比较。

2.7.6　实验分析与讨论

管径粗细相同、流量相同的条件下，试问 $d_1/d_2 (d_1 < d_2)$ 在何范围内圆管突然扩大的水头损失比突然缩小的大？

传热学实验

3.1　稳态平板法测定绝热材料导热系数

3.1.1　实验目的

（1）巩固和深化稳态导热过程的基本理论，学习用平板法测定绝热材料导热系数。
（2）测定实验材料的导热系数。
（3）确定实验材料导热系数与温度的关系。

3.1.2　实验原理

稳态平板法是一种应用一维稳态导热过程的基本原理来测定材料导热系数的方法，可以用来进行导热系数的测定实验，测定材料的导热系数及其和温度的关系。

实验设备是根据在一维稳态情况下通过平板的导热量 Q 和平板两面的温差 Δt 成正比，和平板的厚度 δ 成反比，以及和导热系数 λ 成正比的关系来设计的。

我们知道，通过薄壁平板（壁厚小于 1/10 壁长和壁宽）的稳定导热量为

$$Q = \frac{\lambda}{\delta}\Delta t A \tag{3-1}$$

测定时，如果将平板两面的温差 $\Delta t = t_\mathrm{R} - t_\mathrm{L}$、平板厚度 δ、垂直热流方向的导热面积 A 和通过平板的热流量 Q 测定以后，就可以根据式（3-2）得出导热系数

$$\lambda = \frac{Q\delta}{\Delta t A} \tag{3-2}$$

需要指出，式（3-2）所得的导热系数是在当时的平均温度下材料的导热系数值，此平均温度为

$$\bar{t} = \frac{1}{2}(t_\mathrm{R} + t_\mathrm{L}) \tag{3-3}$$

在不同的温度和温差条件下测出相应的 λ 值，然后将 λ 值标在 $\lambda - \bar{t}$ 坐标图内，就可以得出 $\lambda = f(\bar{t})$ 的关系曲线。

3.1.3　实验装置

稳态平板法测定材料导热系数主体装置如图 3-1 所示。

被试验材料做成两块方形薄壁平板试件，面积为 270mm×270mm，实际导热计算面积 A 为 200mm×200mm，平板厚度为 δmm（实测），平板试件分别被夹紧在加热器的上下热面和上下水套的冷面之间。加热器的上下面和水套与试件的接触面都设有铜板，以使温度均匀，利用薄膜式加热片来实现对上下试件热面的加热，而上下水套的冷却面是通过循环冷

却水（或自来水）来实现的。在中间 200mm ×
200mm 部位上安设的加热器为主加热器。为了使
主加热器的热量能够全部单向通过上下两个试件，
并通过水套的冷水带走，在主加热器四周（即
200mm × 200mm 之外的四侧）设有四个辅助加热
器，测试时控制使主加热器以外的四周保持与中
间主加热器的温度相一致，以免热流量向旁侧散
失。主加热器的中心温度 t_1（或 t_2）和水套冷面
的中心温度 t_3（或 t_4）用四个镍铬-康铜热电偶埋
设在铜板上测量；辅助加热器 1 和辅助加热器 2
的热面也分别设置两个辅助镍铬-康铜热电偶 t_5 和
t_6（埋设在铜板的相应位置上）。其中辅助热电偶
t_5（或 t_6）接到温度巡检仪上，与主加热器中心
的主热电阻 t_1（或 t_2）的温度相比较，通过跟踪
调节使全部辅助加热器都跟踪与主加热器的温度
相一致。在试验进行时，既可以通过热电阻 t_1
（或 t_2）和热电阻 t_3（或 t_4）测量出一个试件的两
个表面的中心温度；也可以再测量一个辅助热电
阻的温度，以便与主热电阻的温度相比较，从而
了解主、辅加热器的控制和跟踪情况。温度是利
用万能信号输入电巡检仪测量的，主加热器的电
功率可以用直流稳压电源的电压表和电流表来测量。

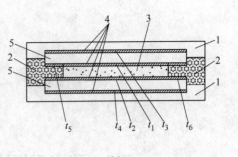

(a)

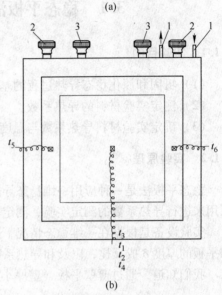

(b)

图 3-1　稳态平板法测定材料
导热系数主体装置
（a）剖面图；（b）俯视图
1—水冷箱；2—辅助加热器；
3—主加热器；4—铜板；5—试件

实验台主要参数：

（1）主加热器电阻值：100Ω。

（2）辅加热器（每个）电阻值：$4 \times 25\Omega$。

（3）热电偶：E 型。

（4）试件最高加热温度：$\leqslant 80\,℃$。

（5）主加热器电压直流：$0 \sim 50V$，电流 $0 \sim 2A$（可调）。

（6）辅助加热器电压直流：$0 \sim 50V$，电流 $0 \sim 2A$（可调）。

3.1.4　实验方法与步骤

（1）将两个平板试件仔细地安装在加热器的上下面，试件表面应与铜板严密接触，不
应有空隙存在。在试件、加热器和水套等安装入位后，加压一定的重物，以使它们都能紧
密接触。

（2）连接和仔细检查各接线电路。将主加热器的两根导线接到仪表箱的主加热器电源
接线端子上，同样将辅助加热器的两根导线接到仪表箱的辅助加热器电源接线端子上。

将测温热电偶 t_1、t_2、t_3、t_4、t_5、t_6 的导线接到配电箱对应的接线端子上。关闭主、
辅加热电源开关及水泵开关；打开总电源开关，并检查各热电阻信号（温度）是否正常
（基本一致）。

（3）打开水泵开关，检查冷却水水泵及其通路能否正常工作，调节水阀门开度应尽量一致。

（4）接通主加热器电源，并调节到合适的电压（建议由低至高间隔 5V 或 10V 逐渐分段加热），开始加温，然后开启辅助加热电源使加温电压与主加热器电压接近，一段时间后，观察辅助加热面的温度是否与主加热面的温度一致，然后适当调整辅助加热器的电压（高则降低、低则增加）来跟踪调整，使主、辅加热温度相一致。在加温过程中，可通过各测温点的测量值来控制和了解加热情况。开始时，可先不启动冷水泵，待试件的热面温度达到一定水平后，再启动水泵（或接通自来水），向上下水套通入冷却水。实验经过一段时间后，试件的热面温度和冷面温度开始趋于稳定。在这个过程中可以适当调节主加热器电源、辅助加热器电源的电压，使其更快或更利于达到稳定状态。待温度基本稳定后，就可以每隔一段时间进行一次电功率 W（或电压 V 和电流 I）读数记录和温度测量，从而得到稳定的测试结果。

（5）一个工况实验后，可以将设备调到另一工况，即调节主加热器功率后，再按上述方法进行测试得到另一工况的稳定测试结果。调节的电功率不宜过大，一般在 5 ~ 10W 为宜。

（6）根据实验要求，进行多次工况的测试（工况以从低温到高温为宜）。

（7）测试结束后，先切断加热器电源，经过 10min 左右再关闭水泵（或停放自来水）。

3.1.5 实验数据及处理

实验装置名称：_____；实验台号：_____；

试件材料：_____；试件厚度 δ = _____ mm；

试件外形尺寸：_____ mm^2；导热计算面积 A = _____ mm^2。

将结果记入表 3-1。

表 3-1 实验记录及计算表

测读时间	热面温度 t_R			冷面温度 t_L			辅助加热器		Δt /℃	$\bar{t}$ /℃	主加热器		λ /W·(m·℃)$^{-1}$
	t_1 /℃	t_2 /℃	t_R /℃	t_3 /℃	t_4 /℃	t_L /℃	t_5 /℃	t_6 /℃			U/V	I/A	

表中数据的计算：（1）导热量（即主加热器的电功率）

$$Q = UI$$

（3-4）

式中 U——主加热器的电压值，V；

I——主加热器的电流值，A。

由于设备为双试件型，导热量向上下两个试件（试件1和试件2）传导，所以

$$Q_1 = Q_2 = \frac{Q}{2} = \frac{W}{2} = \frac{UI}{2} \tag{3-5}$$

（2）试件两面的温差

$$\Delta t = t_R - t_L \tag{3-6}$$

式中 t_R——试件的热面温度（即 t_1 或 t_2），℃；

t_L——试件的冷面温度（即 t_3 或 t_4），℃。

（3）平均温度为

$$\bar{t} = \frac{t_R + t_L}{2} \tag{3-7}$$

所以，平均温度为 $\bar{t}$ 时的导热系数

$$\lambda = \frac{UI\delta}{2(t_R - t_L)A} \tag{3-8}$$

3.1.6 实验分析

将不同平均温度下测定的材料导热系数在 $\lambda\text{-}\bar{t}$ 坐标中得出 $\lambda\text{-}\bar{t}$ 的关系曲线，并求出 $\lambda = f(\bar{t})$ 的关系式。

3.2 非稳态（准稳态）法测材料的导热性能

3.2.1 实验目的

（1）本实验属于创新型实验，要求学生自己选择不同原料、按照不同配比加工出新型实验材料，并对该材料的热物性（密度、导热系数、比热容、热扩散系数）进行实验测量。

（2）测量绝热材料（不良导体）的导热系数和比热，掌握其测试原理和方法。

（3）掌握使用热电偶测量温差的方法。

3.2.2 实验原理

本实验是根据第二类边界条件，无限大平板的导热问题来设计的。设平板厚度为 2δ，初始温度为 t_0，平板两面受恒定的热流密度 q_c 均匀加热（图 3-2）。

根据导热微分方程式、初始条件和第二类边界条件，对于任一瞬间沿平板厚度方向的温度分布 $t(x, \tau)$ 可由方程组（3-9）解得

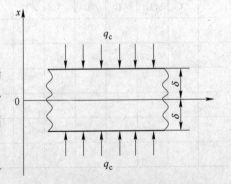

图 3-2 第二类边界条件下无限大平板导热的物理模型

$$\begin{cases} \dfrac{\partial t(x,\tau)}{\partial \tau} = a\,\dfrac{\partial^2 t(x,\tau)}{\partial x^2} \\[2mm] \tau = 0\ \text{时}, t(x,0) = t_0 \\[2mm] x = \pm\delta\ \text{处}, -\lambda\,\dfrac{\partial t(\delta,\tau)}{\partial x} = q_c \\[2mm] x = 0\ \text{处}, \dfrac{\partial t(0,\tau)}{\partial x} = 0 \end{cases} \tag{3-9}$$

方程组的解为

$$t(x,\tau) - t_0 = \frac{q_c}{\lambda}\Big[\frac{a\tau}{\delta} - \frac{\delta^2 - 3x^2}{6\delta} + \delta\sum_{n=1}^{\infty}(-1)^{n+1}\frac{2}{\mu_n^2}\cos\Big(\mu_n\frac{x}{\delta}\Big)\exp(-\mu_n^2 Fo)\Big] \tag{3-10}$$

式中　τ——时间，s；

　　　t_0——初始温度，℃；

　　　q_c——沿 x 方向从端面向平板加热的恒定热流密度，$\mathrm{W/m^2}$；

　　　λ——平板的导热系数，$\mathrm{W/(m\cdot℃)}$；

　　　a——平板的热扩散率，$\mathrm{m^2/s}$；

　　　μ_n——$\mu_n = n\pi$，$n = 1,2,3,\cdots$；

　　　Fo——傅里叶数，$Fo = \dfrac{a\tau}{\delta^2}$。

随着时间 τ 的延长，Fo 变大，式（3-10）中级数项和越小。当 $Fo > 0.5$ 时，级数项和变得很小，可以忽略，式（3-10）变成

$$t(x,\tau) - t_0 = \frac{q_c\delta}{\lambda}\Big(\frac{a\tau}{\delta^2} + \frac{x^2}{2\delta^2} - \frac{1}{6}\Big) \tag{3-11}$$

由此可见，当 $Fo > 0.5$ 后，平板各处温度和时间成线性关系，温度随时间变化的速率是常数，并且到处相同，这种状态称为准稳态。

在准稳态时，平板中心面 $x = 0$ 处的温度为

$$t(0,\tau) - t_0 = \frac{q_c\delta}{\lambda}\Big(\frac{a\tau}{\delta^2} - \frac{1}{6}\Big) \tag{3-12}$$

平板加热面 $x = \delta$ 处为

$$t(\delta,\tau) - t_0 = \frac{q_c\delta}{\lambda}\Big(\frac{a\tau}{\delta^2} + \frac{1}{3}\Big) \tag{3-13}$$

此两面的温差为

$$\Delta t = t(\delta,\tau) - t(0,\tau) = \frac{1}{2}\frac{q_c\delta}{\lambda} \tag{3-14}$$

如已知 q_c 和 δ，再测出 Δt，就可以由式（3-14）求出导热系数

$$\lambda = \frac{q_c\delta}{2\Delta t} \tag{3-15}$$

实际上，无限大平板是无法实现的，实验总是用有限尺寸的试件。一般可认为，试件的横向尺寸为厚度的 6 倍以上时，两侧散热试件中心的温度影响可以忽略不计。试件两端

面中心处的温度差就等于无限大平板两端面的温度差。

根据能量平衡原理，在准稳态时

$$q_c A = cA\rho\delta\frac{dt}{d\tau} \tag{3-16}$$

式中　A——试件的横截面，m^2；

　　　c——试件的比热容，$kJ/(kg \cdot ℃)$；

　　　ρ——试件的密度，kg/m^3；

$\dfrac{dt}{d\tau}$——准稳态时的温升速率，实验时以试件中心处为准，$℃/s$。

由式（3-17）可得比热容为

$$c = \frac{q_c}{\rho\delta\dfrac{dt}{d\tau}} \tag{3-17}$$

按定义，材料的热扩散率可表示为

$$a = \frac{\lambda}{\rho c} = \frac{\delta^2}{2\Delta t}\frac{dt}{d\tau} \tag{3-18}$$

综上所述，应用恒热流准稳态平板法测试材料热物性时，在一个实验上可同时测出材料的三个重要热物性：导热系数、比热容和热扩散率。

3.2.3　实验装置

实验设备包括破碎机、搅拌机、烘干机、电子天平、非稳态导热仪、计算机和实验控制软件。实验装置本体如图 3-3 所示。

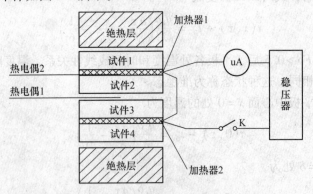

图 3-3　实验装置本体

实验时，将四个试件迭放在一起，分别在试件 1 和 2 及试件 3 和 4 之间放入加热器 1 和 2，试件和加热器要对齐。热电偶放在试件 2 的两侧，热电偶测温头要放在试件中心部位。放好绝热层后，适当加以压力，以保持各试件之间接触良好。

（1）加热器。采用高电阻康铜箔平面加热器，康铜箔厚度仅为 $20\mu m$，加上保护箔的绝缘薄膜，总共只有 $70\mu m$。其电阻值稳定，在 $0 \sim 100℃$ 范围内几乎不变。加热器的面积和试件的端面积相同，也是 $145mm \times 145mm$ 的正方形。两个加热器的电阻值应尽量相同，相差应在 0.1% 以内。

（2）绝热层。用导热系数比试件小的材料作绝热层，力求减少热量通过，使试件 1、4

与绝热层的接触面接近绝热。这样，可假定式（3-14）中的热量 q_c 等于加热器发出热量的 0.5 倍。

（3）热电偶。利用热电偶测量试件 2 两面的温差及试件 2、3 接触面中心处的温升速率，热电偶由 0.1mm 的康铜丝制成。

3.2.4　实验方法与步骤

（1）选用不同原料，进行破碎加工，按照不同配比，搅拌混合均匀，加工成 150mm×150mm、厚 δ(10~20mm) 的材料，放在烘干机内烘干。

（2）用卡尺测量试件的尺寸：面积 F 和厚度 δ，并用天平称重。

（3）按图 3-3 放好试件、加热器和热电偶，接好电源，接通稳压器，并将稳压器预热 10min。

（4）接通加热器开关，给加热器通以恒定电流。同时启动秒表，每隔 1min 测读一组数值。经过一段时间后（随所测材料而不同，一般为 10~20min），系统进入准稳态，两个热电偶的温差（即式（3-14）中的 Δt）几乎保持不变，并记下加热器的电源值 U、I。

（5）第一次实验结束，将加热器开关切断，取下试件及加热器，用电扇将加热器吹凉，待其和室温平衡后才能继续做下一次实验。试件不能连续做实验，必须经过 4h 以上放置，使其冷却至与室温平衡后，才能进行下一次实验。

（6）实验全部结束后，必须切断电源，一切恢复原状。

3.2.5　实验数据及处理

（1）记录及计算。

实验装置名称：＿＿＿＿＿＿＿；实验台号：＿＿＿＿＿＿＿；

试件名称：＿＿＿＿＿；试件厚度 δ = ＿＿＿＿＿ mm；试件面积 A = ＿＿＿＿＿ mm^2；

试件重量：＿＿＿＿＿ kg；试件密度 ρ = ＿＿＿＿＿ kg/m^3；室温 t_0 = ＿＿＿＿＿℃；

加热电压 U = ＿＿＿＿＿ V；加热器电流 I = ＿＿＿＿＿ A。

将结果记入表 3-2。

表 3-2　实验记录及计算表

时间 /min	热面温度 t_2/℃	冷面温度 t_1/℃	温差 Δt /℃	时间 /min	热面温度 t_2/℃	冷面温度 t_1/℃	温差 Δt /℃	时间 /min	热面温度 t_2/℃	冷面温度 t_1/℃	温差 Δt /℃

（2）结果计算：

1）热流密度 q_c。

2）准稳态时的温差 Δt（平均值）。

3）准稳态时的温升速率 $\dfrac{\mathrm{d}t}{\mathrm{d}\tau}$。

然后，即可计算出试件的导热系数 λ、比热容 c 和热扩散率 a。

3.3 伸展体的导热特性实验

工程中常有许多热量沿着细长突出物传递的问题，其基本特征是：温度一定的基面伸入与其温度不同的介质中。热量从基面沿突出方向传递的同时，还通过表面与流体进行对流换热，因而沿突出物伸展方向温度也相应变化。本实验是测量一等截面圆管在与流体间进行对流换热的条件下沿管长的温度变化。

3.3.1 实验目的

（1）通过实验和对实验数据的分析，深入了解伸展体传热的特性，并掌握求解具有对流换热条件的伸展体传热特性的方法。

（2）测出一定条件下，导体内不同截面的过余温度值 θ。

（3）用测得的不同 x 位置过余温度 θ 数据，求实验条件下的 m 值、h 值及总散热量 Φ。

（4）用分析公式计算过余温度分布，过余温度最低值处的位置及其值，并与实测结果比较。

3.3.2 实验原理

具有对流换热的等截面伸展体，当长度与横截面之比很大时（常物性）可视为一维导热（图3-4），其导热微分方程式为

$$\frac{\mathrm{d}^2\theta}{\mathrm{d}x^2} - m^2\theta = 0 \qquad (3-19)$$

$$m = \sqrt{\frac{hU}{\lambda A}} \qquad (3-20)$$

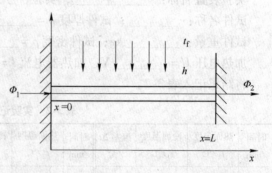

图3-4 等截面伸展体对流换热示意图

式中 θ——过余温度，$\theta = t_x - t_f$，℃；

t_x——伸展体 x 截面处的温度，℃；

t_f——伸展体周围介质的温度，℃；

h——空气对壁面的换热系数，$W/(m^2 \cdot ℃)$；

U——伸展体周长，本实验中 $U = \pi d_0$，m；

A——伸展体截面积，本实验中 $A = \dfrac{\pi}{4}(d_0^2 - d_i^2)$，$m^2$；

d_0——伸展体的外径，m；

d_i——伸展体的内径，m。

式（3-19）的通解为

$$\theta = c_1 e^{mx} + c_2 e^{-mx} \tag{3-21}$$

或

$$\theta = A_1 \mathrm{ch}(mx) + A_2 \mathrm{sh}(mx) \tag{3-22}$$

其中 c_1，c_2，A_1，A_2 可由边界条件确定。试件两端为第一类边界条件

$$x = 0, \quad \theta = \theta_1 = t_{w1} - t_f; \qquad x = L, \quad \theta = \theta_2 = t_{w2} - t_f \tag{3-23}$$

代入式（3-22）得

$$\theta_1 = A_1 \mathrm{ch}(0) + A_2 \mathrm{sh}(0) \Rightarrow A_1 = \theta_1 \tag{3-24}$$

$$\theta_2 = A_1 \mathrm{ch}(mL) + A_2 \mathrm{sh}(mL) \Rightarrow A_2 = \frac{\theta_2 - \theta_1 \mathrm{ch}(mL)}{\mathrm{sh}(mL)} \tag{3-25}$$

所以伸展体的温度分布为

$$\begin{aligned}
\theta &= \theta_1 \mathrm{ch}(mx) + \frac{\theta_2 - \theta_1 \mathrm{ch}(mL)}{\mathrm{sh}(mL)} \mathrm{sh}(mx) \\
&= \frac{1}{\mathrm{sh}(mL)} \left[\theta_1 \mathrm{ch}(mx) \mathrm{sh}(mL) - \theta_1 \mathrm{ch}(mL) \mathrm{sh}(mx) + \theta_2 \mathrm{sh}(mx) \right] \\
&= \frac{1}{\mathrm{sh}(mL)} \left\{ \theta_1 \mathrm{sh}\left[m(L-x) \right] + \theta_2 \mathrm{sh}(mx) \right\}
\end{aligned} \tag{3-26}$$

所以

$$\frac{\mathrm{d}\theta}{\mathrm{d}x} = \frac{m}{\mathrm{sh}(mL)} \left\{ \theta_2 \mathrm{ch}(mx) - \theta_1 \mathrm{ch}\left[m(L-x) \right] \right\} \tag{3-27}$$

$$\left. \frac{\mathrm{d}\theta}{\mathrm{d}x} \right|_{x=0} = \frac{m}{\mathrm{sh}(mL)} \left[\theta_2 - \theta_1 \mathrm{ch}(mL) \right] \tag{3-28}$$

$$\left. \frac{\mathrm{d}\theta}{\mathrm{d}x} \right|_{x=L} = \frac{m}{\mathrm{sh}(mL)} \left[\theta_2 \mathrm{ch}(mL) - \theta_1 \right] \tag{3-29}$$

过余温度 θ 最低点的位置 $x_{\min}$ 由 $\dfrac{\mathrm{d}\theta}{\mathrm{d}x} = 0$ 求得。

因式（3-27）中 $\dfrac{m}{\mathrm{sh}(mL)} \neq 0$，所以 $\theta_2 \mathrm{ch}(mx) - \theta_1 \mathrm{ch}\left[m(L-x) \right] = 0$。

所以

$$\begin{aligned}
\frac{\theta_2}{\theta_1} &= \frac{\mathrm{ch}\left[m(L-x) \right]}{\mathrm{ch}(mx)} = \frac{\mathrm{ch}(mL)\mathrm{ch}(mx) - \mathrm{sh}(mL)\mathrm{sh}(mx)}{\mathrm{ch}(mx)} \\
&= \mathrm{ch}(mL) - \mathrm{th}(mx)\mathrm{sh}(mL)
\end{aligned} \tag{3-30}$$

由此得到

$$\mathrm{th}(mx) = \frac{\mathrm{ch}(mL) - \dfrac{\theta_2}{\theta_1}}{\mathrm{sh}(mL)} \tag{3-31}$$

$$x_{\min} = \frac{1}{m} \mathrm{arcth} \left[\frac{\mathrm{ch}(mL) - \dfrac{\theta_2}{\theta_1}}{\mathrm{sh}(mL)} \right] \tag{3-32}$$

由傅里叶定律得 $x=0$ 处的导热量

$$\Phi_1 = -\lambda A \left. \frac{\mathrm{d}\theta}{\mathrm{d}x} \right|_{x=0} = -\lambda A \frac{m}{\mathrm{sh}(mL)} \left[\theta_2 - \theta_1 \mathrm{ch}(mL) \right] \tag{3-33}$$

$x = L$ 处的导热量

$$\Phi_2 = -\lambda A \frac{d\theta}{dx}\Big|_{x=L} = -\lambda A \frac{m}{\mathrm{sh}(mL)}\big[\theta_2 \mathrm{ch}(mL) - \theta_1\big] \qquad (3\text{-}34)$$

伸展体的总散热量

$$\Phi = \Phi_1 - \Phi_2 = \lambda A \frac{m}{\mathrm{sh}(mL)}\big\{\theta_1\big[\mathrm{ch}(mL) - 1\big] + \theta_2\big[\mathrm{ch}(mL) - 1\big]\big\}$$

$$= \lambda A \frac{m}{\mathrm{sh}(mL)}(\theta_1 + \theta_2)\big[\mathrm{ch}(mL) - 1\big] \qquad (3\text{-}35)$$

由中点及两端的过余温度，即

$$x = 0, \quad \theta = \theta_1; \qquad x = L/2, \quad \theta = \theta_{L/2}; \qquad x = L, \quad \theta = \theta_2 \qquad (3\text{-}36)$$

可求得对应伸展体工作条件下的 m 值，利用式（3-26）

$$\theta_{L/2} = \frac{1}{\mathrm{sh}(mL)}\big[\theta_1 \mathrm{sh}(mL/2) + \theta_2 \mathrm{sh}(mL/2)\big] \qquad (3\text{-}37)$$

因 $\mathrm{sh}(mL) = \mathrm{sh}(mL/2 + mL/2) = 2\mathrm{sh}(mL/2)\mathrm{ch}(mL/2)$

则式（3-27）变为

$$\theta_{L/2} = \frac{\theta_1 + \theta_2}{2\mathrm{ch}(mL/2)} \qquad (3\text{-}38)$$

$$m = \frac{2}{L}\mathrm{arcch}\Big(\frac{\theta_1 + \theta_2}{2\theta_{L/2}}\Big) \qquad (3\text{-}39)$$

3.3.3　实验装置

本实验装置由风道、风机、伸展体、加热器及测温系统组成，如图 3-5 所示。

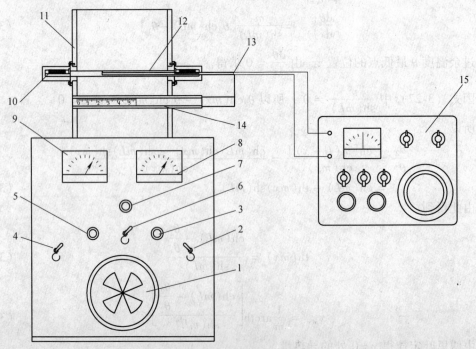

图 3-5　伸展体的导热特性实验装置

1—风机；2—高温开关；3—高温调节；4—低温开关；5—低温调节；6—风机开关；
7—风机调节；8—高温电压表；9—低温电压表；10—加热器；11—有机玻璃风管；
12 —伸展体试件；13 —热电偶；14—热电偶拉杆及标尺；15—UJ33a 电位差计

伸展体是一根内径 d_i 为 10mm，外径 d_0 为 11mm，长度 L 为 200mm，导热系数 λ 为 398W/（m·℃）的等截面紫铜管，水平置于有机玻璃制成的近似矩形的风道中。轴流风机固定在风道后部上平面，由于风机的抽吸，风道中空气均匀横向掠过伸展体表面，造成强迫对流换热工况，伸展体表面各处的换热系数基本上相同。为了改变空气在流过圆管表面时的速度，以达到改变换热系数的目的，故风机转速可无级调节。

伸展体两端分别装有一组电加热器，各由一只调压器提供电源并控制其功率，以维护两端处于所需求的温度（t_1，t_2）。采用铜-康铜热电偶测量伸展体轴向过余温度，热端安装在可移动的拉杆上，与伸展体内壁相接触，冷端则置于风道中，并分别用导线接到 UJ33a 电位差计上。通过电位差计测出的热电势就反映了管子各截面的过余温度，其相应的位置由带动热电偶测温头的滑动块在标尺上读出。

3.3.4　实验方法与步骤

（1）检查并熟悉实验装置的各部分，掌握 UJ33a 电位差计的使用方法。

（2）启动风机，调节其转速。

（3）打开加热器开关，调节高低温调节按钮，设定不同的输出电压（注意：加热器电压不得超过 100V，否则会烧坏设备）。

（4）待加热器温度稳定后，再逐点测量沿 x 方向不同位置处的电势值，测温探头每移动一个位置都要待温度稳定后再读数，将数据填入表 3-3。

（5）实验完毕，先断开加热器的电源，将加热器的电压调回"0"位，待伸展体冷却后，再切断风机电源。

3.3.5　实验数据与处理

（1）记录实验数据。

实验装置名称：_____；实验台号：_____；

高温电压表：_____ V；低温电压表：_____ V；室温：_____ ℃；

$U =$ _____ m；$A =$ _____ m²；

将结果记入表 3-3。

表 3-3　实验记录表

测量点	1	2	3	4	5	6	7	8	9	10	11
坐标位置 x/mm	0	20	40	60	80	100	120	140	160	180	200
热电势/mV											
过余温度 θ/℃											
计算的过余温度 θ/℃											

注：测温探头所采用的为铜-康铜热电偶，当热端温度在 150℃ 以下时，其热电势输出近似为 0.043mV/℃，而这对本实验已足够准确。

（2）计算实验数据。

由式（3-26）可知过余温度分布与某一 m 值对应。由于试验件的 U、A、λ 是定值，因此过余温度分布也与实验条件中的换热系数 h 对应。

任选三点 a，b，c，符合 $x_a < x_b < x_c$，且 b 为 a，c 的中点，则 $\theta_1 = \theta_a$；$\theta_{L/2} = \theta_b$；$\theta_2 = \theta_b$；$L = x_c - x_a$。代入式（3-39）即可求得 m 值。

将选取不同的 a，b，c 三点及算出的 m、h 值列入表3-4。

表3-4　实验计算表

测量点	L/m	$\theta_1/℃$	$\theta_{L/2}/℃$	$\theta_2/℃$	m/m^{-1}	$h/\text{W} \cdot (\text{m}^2 \cdot ℃)^{-1}$
1，4，7						
2，5，8						
3，6，9						
4，7，10						
5，8，11						

（3）由式（3-32）可计算过余温度最低点的位置 $x_{\min}$，并将其代入式（3-26）即可求过余温度最低值 $\theta_{\min}$。同时按式（3-33）、式（3-34）、式（3-35）可分别计算管内两端的传热量及总传热量。

（4）我们认为沿管长换热系数相等，因此可取 m、h 的平均值，再用式（3-26）计算坐标 $x = 0$ 到 $x = 0.2$ 各点的过余温度值，列入表3-3；再在坐标图上画出理论计算和实测的过余温度分布曲线。

3.3.6　实验分析与讨论

将实验值与理论值进行比较，讨论误差产生的原因。

3.3.7　注意事项

（1）调整加热器功率时须注意两端温度不要过高，以免烧坏测温部件。加热电压一般取 $V < 100\text{V}$ 为宜，伸展体的温度宜小于200℃。

（2）实验完毕后，先断开加热器的电源，将加热器的电压调回"0"位，待伸展体冷却后，再切断风机电源，以免烧坏实验装置。

3.4　空气横掠管束时的强迫对流换热实验

3.4.1　实验目的

（1）测定空气横掠管束时的平均换热系数 h，并将实验数据整理成准则方程式。

（2）熟悉实验原理及装置，掌握测定流速、热流量、温度的方法。

（3）通过对实验数据的综合整理，进一步了解相似理论的应用。

3.4.2　实验原理

（1）根据牛顿冷却公式，壁面平均换热系数为

$$h = \frac{Q_c}{(t_w - t_f)A} \tag{3-40}$$

式中　h——管壁平均换热系数，$W/(m^2 \cdot ℃)$；

　　　t_w——管壁平均温度，取所有管束所测温度的平均值，℃；

　　　t_f——流体的平均温度，取空气进口与出口温度的平均值，℃；

　　　A——管壁的换热面积，m^2；

　　　Q_c——对流换热量，W。

本实验采用电加热，电加热器所产生的总热量 Q，除了以对流方式由管壁传给空气外，还有一部分是以辐射方式传出。因此，对流换热量 Q_c 为

$$Q_c = Q - Q_r = W - Q_r \tag{3-41}$$

$$Q_r = \varepsilon C_0 A \left[\left(\frac{T_w}{100} \right)^4 - \left(\frac{T_f}{100} \right)^4 \right] \tag{3-42}$$

式中　Q_r——辐射换热量，W；

　　　W——加热电功率，W；

　　　ε——试管表面黑度，$\varepsilon = 0.6 \sim 0.7$；

　　　C_0——绝对黑体辐射系数，$C_0 = 5.67\ W/(m^2 \cdot K^4)$。

（2）根据相似理论，流体强制流过物体时的传热系数 h 与流体流速、物体几何参数、物体间的相对几何位置以及物性等的关系可用下列准数方程式描述

$$Nu = f(Re, Pr) \tag{3-43}$$

实验研究表明，空气横向流过管束表面时，由于空气普朗特数（$Pr = 0.7$）为常数，故一般可将式（3-43）简化成 $Nu = f(Re)$，进一步整理成下列的指数形式

$$Nu = CRe^k \tag{3-44}$$

式中　C, k——均为常数，由实验确定；

　　　Nu——努塞尔数，$Nu = \dfrac{hd}{\lambda}$；

　　　Re——雷诺数，$Re = \dfrac{\omega d}{\nu}$。

上述各准则中　d——实验管外径，作为定性尺寸，m；

　　　　　　　λ——空气导热系数，由定性温度查表确定，$W/(m \cdot ℃)$；

　　　　　　　ω——空气流过实验管最窄截面处流速，m/s；

　　　　　　　ν——空气运动黏度，由定性温度查表确定，m^2/s。

1）定性温度：空气边界层平均温度 t_m

$$t_m = \frac{1}{2}(t_w + t_f) \tag{3-45}$$

式中　t_w——实验管壁面平均温度，℃；

　　　t_f——空气平均温度，取空气进口与出口温度的平均值，$t_f = \dfrac{1}{2}(t_{f1} + t_{f2})$，℃。

2）空气流速的计算。采用毕托管在测速段截面中心点进行测量，测得的动压头为 Δp，则空气流速为

$$u = \sqrt{\frac{2\Delta p}{\rho}} \tag{3-46}$$

式中　Δp——毕托管测得的动压头，Pa；

ρ——空气的密度,由毕托管处的空气温度(即空气进口温度)查表确定,kg/m^3。

由式(3-46)计算所得的流速是测速截面处的流速,而准则式中的流速是指流体流过实验管最窄截面的流速 ω,由连续性方程得

$$uA_{测} = \omega(A_{束} - Ldm) \tag{3-47}$$

$$\omega = \frac{uA_{测}}{A_{束} - Ldm} \tag{3-48}$$

式中 u——毕托管测速处流体流速,m/s;

$A_{测}$——测速处流道截面积,mm^2;

$A_{束}$——测试管束处流道截面积,mm^2;

L——实验管有效管长,mm;

d——实验管外径,mm;

m——测试管束处实验管数。

(3)本实验的任务在于确定 C 与 k 的数值。首先使空气流速一定,然后测定有关的数据:电功率 W、管壁温度 t_w、空气进口温度 t_{f1}、空气出口温度 t_{f2}、毕托管动压头 Δp; h 和 ω 在实验中无法直接测得,可通过计算求得;而物性参数可在有关书中查得。得到一组数据后,可得一组 Re、Nu 值;通过改变空气流速改变 Re 值,重复测量便可得到一系列数据,再得一组 Re、Nu 值。

在双对数坐标纸上,以 Nu 为纵轴,Re 为横轴,将各工况点出,它们的规律可近似地用一直线表示

$$\lg Nu = \lg C + k\lg Re \tag{3-49}$$

则 Nu 和 Re 之间的关系可近似表示为一指数方程的形式

$$Nu = CRe^k \tag{3-50}$$

$\lg C$ 为直线的截距,k 为直线的斜率,取直线上的两点,即可得

$$k = \frac{\lg Nu_2 - \lg Nu_1}{\lg Re_2 - \lg Re_1} \tag{3-51}$$

注意:为减少取点误差可多取一些点,得出多对 C、k 值,然后取其平均值作为最后的 C、k 值。

3.4.3 实验装置

实验装置如图 3-6 ~ 图 3-8 所示。

3.4.4 实验方法与步骤

(1)连接并检查所有线路和设备,在仪表正常工作后,关闭直流供电电源,将交流供电源开关打开,调节旋钮先转至零位。

(2)然后点击变频器的 RUN/STOP 键,启动风机,然后调节风机变频器到 10Hz 左右。

(3)将交流电调节旋钮转至适当位置,注意观察控制箱面板上的功率表,并逐步提高输出功率,对管束缓慢加热。为避免损坏配件,又能达到足够的测温准确度,加热功率大

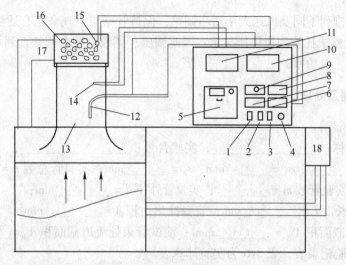

图 3-6　对流换热综合实验台

1—电源开关；2—仪表开关；3—交流供电开关；4—交流调压旋钮；5—直流大功率电源；
6—压差表；7—交流功率表；8—电流表；9—电压表；10—十六路温度巡检仪；
11—四路温度巡检仪；12—毕托管；13—风道；14—热电偶（测来流温）；
15—热电偶（测管壁温）；16—管束试件（顺、叉排）；17—交流供电电极；18—变频器

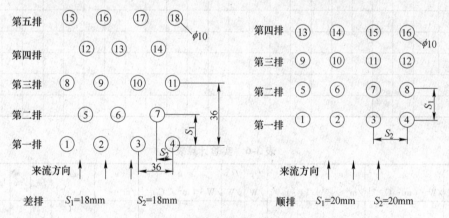

图 3-7　管束的排列及尺寸

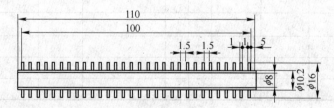

图 3-8　翅片管尺寸

　　小的调整以使壁面温度控制在 80℃ 以下为原则。

　　（4）保持加热功率不变，巡检仪上各温度显示基本稳定后，记录数据在表 3-5 中。

　　（5）再将风机频率由 0~50Hz 定值递增，每改变一次待稳定后可测到一组数据。实验时对每一种排列的管子，空气流速可调整 5 个工况以上，都须保持加热功率不变。温度的

高低应根据管子排列不同及风速大小适当调整，保持管壁与空气来流有适当的温差即可。

（6）同时观察毕托管测速风压显示。因此调压、调频应配合调整直到系统稳定并便于读取温度、风压、电功率。

3.4.5　实验数据及处理

（1）记录及计算。

实验装置名称：_____；实验台号：_____；

管束形式：_____；$s_1 = $_____ mm；$s_2 = $_____ mm；实验管总数 $n = $_____；

测试管束处实验管数 $m = $_____；实验管外径 $d = $_____ mm；

实验管有效长度 $L = $_____ mm；管壁换热面积 $A = $_____ mm^2；

测速处流道截面积 $A_{测} = $_____ mm^2；测试管束处流道截面积 $A_{束} = $_____ mm^2。

表 3-5 为实验记录表，表 3-6 为实验计算表。

表 3-5　实验数据记录表

实验次序	W /W	Δp /Pa	管束试件壁温/℃																		空气温度/℃		
			t_1	t_2	t_3	t_4	t_5	t_6	t_7	t_8	t_9	t_{10}	t_{11}	t_{12}	t_{13}	t_{14}	t_{15}	t_{16}	t_{17}	t_{18}	t_w	t_{f1}	t_{f2}	t_f
1																								
2																								
3																								
4																								
5																								
6																								

表 3-6　实验计算表

实验次序	t_m /℃	λ /W·(m·℃)$^{-1}$	ν /m^2·s^{-1}	ρ /kg·m^{-3}	Q_r /W	Q_c /W	h /W·(m^2·℃)$^{-1}$	u /m·s^{-1}	ω /m·s^{-1}	Re	Nu	lgRe	lgNu
1													
2													
3													
4													
5													
6													

（2）在双对数坐标纸上绘出各实验点，并求出准则方程式。

3.4.6　注意事项

（1）首先了解实验装置的各个组成部分，并熟悉仪表的使用，以免损坏仪器。

（2）为确保管壁温度不至超出允许的范围，启动及工况改变时都必须注意操作顺序。启动电源之前，先将电源调节旋钮转至零位。

（3）启动时必须先开风机，调整风速，然后对实验管通电加热，并调整到要求的工况。注意电流表上的读数，不允许超出工作电流参考值。实验完毕时，必须先关加热电源，待试件冷却后，再关风机。

3.5 中温法向辐射时物体黑度的测定

3.5.1 实验目的

用比较法定性地测量中温辐射时物体黑度 ε。

3.5.2 实验原理

（1）由 n 个物体组成的辐射换热系统中，利用净辐射法，可以求物体 i 的净换热量 $Q_{\text{net}.i}$

$$Q_{\text{net}.i} = Q_{\text{abs}.i} - Q_{\text{e}.i} = \alpha_i \sum_{k=1}^{n} \int_{F_k} E_{\text{eff}.k} X_{k,i} \mathrm{d}A_k - \varepsilon_i E_{\text{b}.i} A_i \tag{3-52}$$

式中　$Q_{\text{net}.i}$——i 面的净辐射换热量，W；

$\quad\quad Q_{\text{abs}.i}$——$i$ 面从其他表面的吸热量，W；

$\quad\quad Q_{\text{e}.i}$——$i$ 面本身的辐射热量，W；

$\quad\quad \varepsilon_i$——i 面的黑度（或称发射率）；

$\quad\quad X_{k,i}$——k 面对 i 面的角系数；

$\quad\quad E_{\text{eff}.k}$——$k$ 面有效的辐射力，W/m^2；

$\quad\quad E_{\text{b}.i}$——$i$ 面的黑体辐射力，W/m^2；

$\quad\quad \alpha_i$——i 面的吸收率；

$\quad\quad A_i$——i 面的辐射面积，m^2。

（2）根据本实验的设备情况，如图 3-9 所示，可以作如下假定：

1）热源 1 和传导圆筒 2 为黑体。

2）热源 1、传导圆筒 2 和待测物体（受体）3 表面上的温度均匀。

在这种特定条件下，由净辐射法得出待测物体 3 的净辐射换热量

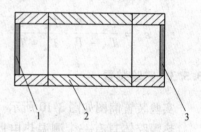

图 3-9　辐射换热简图

1—热源；2—传导圆筒；3—待测物体

$$Q_{\text{net}.3} = \alpha_3 (E_{\text{b}.1} X_{1,3} A_1 + E_{\text{b}.2} X_{2,3} A_2) - \varepsilon_3 E_{\text{b}.3} A_3 \tag{3-53}$$

根据角系数的互换性 $A_2 X_{2,3} = A_3 X_{3,2}$，由 $A_1 = A_3$；$\alpha_3 = \varepsilon_3$；$X_{3,2} = X_{1,2}$，得

$$q_3 = Q_{\text{net}.3}/A_3 = \varepsilon_3 (E_{\text{b}.1} X_{1,3} + E_{\text{b}.2} X_{1,2} - E_{\text{b}.3}) \tag{3-54}$$

由于受体 3 与环境主要以自然对流方式换热，因此

$$q_3 = h(t_3 - t_{\text{f}}) \tag{3-55}$$

式中　h——对流换热系数，W/（m$^2 \cdot$℃）；

$\quad\quad t_3$——待测物体（受体）温度，℃；

$\quad\quad t_{\text{f}}$——室内环境温度，℃。

由式（3-54）、式（3-55）得

$$\varepsilon_3 = \frac{h(t_3 - t_f)}{E_{b.1}X_{1,3} + E_{b.2}X_{1,2} - E_{b.3}} \tag{3-56}$$

当热源 1 和传导圆筒 2 的表面温度一致时，$E_{b.1} = E_{b.2}$，并考虑到体系 1、2、3 为封闭系统，则

$$X_{1,3} + X_{1,2} = 1 \tag{3-57}$$

由此，式（3-56）可写成

$$\varepsilon_3 = \frac{h(t_3 - t_f)}{E_{b.1} - E_{b.3}} = \frac{h(t_3 - t_f)}{\sigma_b(T_1^4 - T_3^4)} \tag{3-58}$$

式中　σ_b——斯忒藩-玻耳兹曼常数，其值为 5.67×10^{-8} W/(m^2·K^4)。

对不同待测物体（受体）a、b 的黑度 ε 为

$$\varepsilon_a = \frac{h_a(T_{3a} - T_f)}{\sigma_b(T_{1a}^4 - T_{3a}^4)} \tag{3-59}$$

$$\varepsilon_b = \frac{h_b(T_{3b} - T_f)}{\sigma_b(T_{1b}^4 - T_{3b}^4)} \tag{3-60}$$

由于外部实验条件相同，可假设 $h_a = h_b$，则

$$\frac{\varepsilon_a}{\varepsilon_b} = \frac{T_{3a} - T_f}{T_{3b} - T_f} \cdot \frac{T_{1b}^4 - T_{3b}^4}{T_{1a}^4 - T_{3a}^4} \tag{3-61}$$

当 b 为黑体时，$\varepsilon_b \approx 1$，式（3-61）可写成

$$\varepsilon_a = \frac{T_{3a} - T_f}{T_{3b} - T_f} \cdot \frac{T_{1b}^4 - T_{3b}^4}{T_{1a}^4 - T_{3a}^4} \tag{3-62}$$

3.5.3　实验装置

实验装置简图如图 3-10 所示。

热源腔体具有一个测温热电偶，传导腔体有两个热电偶，受体有一个热电偶，它们都可通过琴键转换开关来切换。

3.5.4　实验方法与步骤

（1）实验方法。本实验仪器用比较法定性地测定物体的黑度，具体方法是通过对三组加热器电压的调整（热源一组，传导体两组），使热源和传导体的测量点恒定在同一温度上，然后分别将"待测"（受体为待测物体，具有原来的表面状态）和"假想黑体"（受体仍为待测物体，但

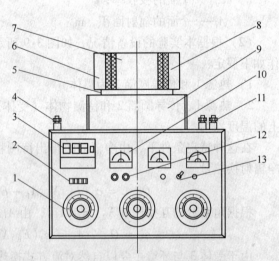

图 3-10　实验装置简图

1—调压器；2—测温转换开关；3—数显温度计；
4—接线柱；5—导轨；6—受体；7—传导体；
8—热源；9—导轨支架；10—热源电压表；
11—接线柱；12—测温接线柱；13—电源开关

表面熏黑）两种状态的受体在恒温条件下，测出受到辐射后的温度，就可按公式计算出待测物体的黑度。

（2）实验步骤：

1）热源腔体和受体腔体（使用具有原来表面状态的物体作为受体）靠紧传导体。

2）接通电源，调整热源（加热Ⅰ）、传导体（加热Ⅱ、Ⅲ）的调温旋钮，使热源温度在 50～150℃ 范围内某一温度，受热约 40min 左右，通过测温转换开关及测温仪表测试热源和传导体的温度，并根据测得的温度微调相应的电压旋钮，使三点温度尽量一致。

3）系统进入恒温后（各测温点基本接近，且在 5min 内各点温度波动小于 3℃），开始测试受体温度，当受体温度 5min 内的变化小于 3℃ 时，每隔 5min 记下一组数据，"待测"受体实验结束。

4）取下受体，将受体冷却后，用松脂（带有松脂的松木）或蜡烛将受体熏黑，然后重复以上实验，测得第二组数据。

3.5.5 实验数据及处理

实验装置名称：_____；实验台号：_____；室温 t_f = _____ ℃。

将结果记入表 3-7。

表 3-7 实验记录表

实验次序	受体为紫铜光面				受体为紫铜熏黑			
	热源温度 t_{1a} /℃	传导体温度/℃		受体温度 t_{3a} /℃	热源温度 t_{1b} /℃	传导体温度/℃		受体温度 t_{3b} /℃
		t_2	t_2'			t_2	t_2'	
1								
2								
3								
平均								

将两组数据代入式（3-62）即可得出待测物体 a 的黑度 ε_a。

3.5.6 注意事项

（1）热源及传导的温度不可超过 160℃。

（2）每次做原始状态实验时，建议用汽油或酒精将待测物体表面擦净，否则实验结果将有较大出入。

燃料与燃烧实验

在自然界的各种能源中，燃料占有相当重要的地位。目前工业中所使用的燃料都是碳质燃料，而其又分为固体燃料、液体燃料和气体燃料。根据其物态的性质，燃料与燃烧实验设计了八项实验。

在实验之前，我们应先做一些准备工作，即在现场采一些煤样和取一些烟气。

（1）采集煤样。在煤堆中采样时，由于煤堆体积大，且形状不规则，内外层湿度相差很大，堆煤时因离析作用造成四周大块煤多，顶部煤块较小，粒度分布不均匀，等等，因此，根据这一特点，在煤堆底部距地面 0.5m 处开始划线，往上每隔 1m 划一条横线，从采取面的一侧向另一侧每隔 1m 划一条纵线，这样就会在整个采集面上形成若干个横线和纵线的交点，就在这若干个交点中选出奇数或偶数的子样采集点。采样时先除去 0.2m 的表层煤，然后挖 0.3m 深的坑，边挖边采煤样，每份子样的重量约 2kg，采 2～3 份。在煤样采集时，不应将采的大块煤、矸石和黄铁矿等漏掉或舍弃（采煤前准备小铁锹一把，塑料口袋多个）。

（2）采集烟气。准备：1）球胆四个；2）二连球两个；3）不锈钢管 $\phi 8$（或 $\phi 10$）长 1.5m 一根；4）夹子四个；5）胶管 $\phi 8$（或 $\phi 10$）长 2～3m。

在采样现场，用胶管连接不锈钢管和二连球，二连球的另一头连接球胆。把不锈钢管插入事先准备好的烟道孔位置，然后不停地挤按二连球，将烟气吸入球胆中，当烟气充满球胆时，取下球胆，挤按球胆将其内的烟气排除干净，这样用烟气洗球胆 2～3 次后，再重新充满烟气，充好后用夹子夹好球胆嘴以备实验用。用同样的方法充四个球胆。

4.1　煤的工业分析

煤是主要的工业燃料之一，了解煤的质量和种类对于合理利用和选择燃料，节约能源是十分重要的。煤的工业分析与元素分析不同，它不需要复杂的仪器设备，在一般的实验室中均可进行，掌握煤的工业分析方法，在煤的工业应用中有着普遍意义。

4.1.1　实验目的

掌握煤的工业分析方法，并由此了解判别煤的种类和质量。

4.1.2　实验原理

煤的工业分析是指测定煤的水分、灰分、挥发分和固定碳的质量分数。在测定挥发分的同时，利用坩埚中残留的焦渣的特征，可以初步鉴定煤的黏结性。煤的工业分析主要是采用干燥和加热等方法（对于液体燃料只作水分和灰分的测定，由于它的可燃成分与固体燃料不同，在受热时极易完全转化为气态，所以不作挥发分和固定碳的测定）。

4.1.3　实验装置

（1）直径为 40mm、高为 25mm 带盖的称量瓶两个，20mL 挥发坩埚两个，底长 45mm、底宽 22mm、高 14mm 的灰皿两个。

（2）精度为 0.0001g 的电子天平一台、精度为 0.1g 的电子秤一台。

（3）玻璃干燥器一个，干燥剂为无水氯化钙。

（4）温度高于 110℃并带有调温装置的电烘箱一台。

（5）能加热到 900℃以上并带有温度控制装置的马弗电炉一台。

（6）浅盘两个。

4.1.4　实验方法与步骤

（1）煤的水分测定。煤的水分包括外在水分和内在水分。吸附或凝聚在煤颗粒内部的毛细孔中的水称为内在水分；附着在煤颗粒表面上的水称为外在水分。

1）外在水分（表面水分）的测定。在预先干燥和已称量过的浅盘内迅速称取粒度小于 13mm 的煤样（500 ± 10）g（称准至 0.1g），记录其质量 m。将煤样平摊在浅盘中，在环境温度或不高于 40℃的空气干燥箱中干燥至质量恒定（连续干燥 1h，质量变化不超过 0.5g），记录恒定后的质量 m_1。对于使用空气干燥箱干燥的情况，称量前需使煤样在实验室环境中重新达到湿度平衡。按式（4-1）计算外在水分 M_f（表面水分）

$$M_f = \frac{m - m_1}{m} \times 100 \tag{4-1}$$

式中　M_f——煤样的外在水分的质量分数，%；

m_1——干燥后煤样的质量，g；

m——原始煤样的质量，g。

2）内在水分的测定（空气干燥基水分）（指一般分析煤样的水分含量）。煤的试样需按规定的取样方法取得，然后在空气中风干粉碎，粉碎后通过 60 目筛网，使煤样粒度在 0.2mm 以下，再用瓶严密封好（该试样称为一般分析煤样）以备实验用。

①选好称量瓶，并用精度为 0.0001g 的电子天平称其重量；

②将煤样放入瓶中，摇动数次后再将煤样取出（1 ± 0.1）g，称准至 0.0002g，放入称量过的称量瓶中，然后称其重量；

③轻轻摇动称量瓶中之煤样，使其平摊在称量瓶中，打开盖子放入温度已加热至 105 ~ 110℃的干燥箱中干燥 1h（烟煤）或 1.5h（无烟煤）；

④煤样在干燥箱中干燥 1h 或 1.5h 后取出，并立即盖上盖子，置于干燥器中冷却至室温（约 20min）后称重；

⑤称重后，再放入干燥箱中干燥 0.5h，取出后称重。直到前后两次称得的重量差小于 0.001g 或质量增加时为止。以最后一次称量结果为依据，求出煤样之减量。在后一种情况下，采用质量增加前一次的质量为计算依据。若大于 0.001g 则还需再放入干燥箱 0.5h，并重复步骤④。

⑥由式（4-2）求出一般分析煤样的水分

$$M_{ad} = \frac{m_3}{m_2} \times 100 \qquad (4\text{-}2)$$

式中　M_{ad}——一般分析煤样水分的质量分数，%；

　　　m_2——称取的一般分析煤样的质量，g；

　　　m_3——煤样干燥后失去的质量，g。

同一煤样同时做两个，其允许误差为 0.2% 以内，取平均值。

煤中全水分

$$M_t = M_f + \frac{100 - M_f}{100} \times M_{ad} \qquad (4\text{-}3)$$

式中　M_t——煤样的全水分的质量分数，%。

煤的收到基可通过所测得的外在水分及内在水分按式（4-4）计算，即空气干燥基 X_{ad} 换算成收到基 X_{ar}。

$$X_{ar} = X_{ad} \times \frac{100 - M_{ar}(\text{或} M_t)}{100 - M_{ad}} \qquad (4\text{-}4)$$

（2）挥发分的测定：

1）将煤样取出（1 ± 0.1）g，放入称量过的挥发坩埚中，然后轻轻振动坩埚，使煤样摊平，盖好盖子，放在坩埚架上，置于温度 920℃ 的马弗炉中加热 7min。

2）坩埚取出后，在空气中冷却，冷却时间不超过 5min，然后放入干燥器中冷却至室温（约 20min）后称重。

3）求出煤样减少的重量后按式（4-5）求得煤样挥发分

$$V_{ad} = \frac{m_5}{m_4} \times 100 - M_{ad} \qquad (4\text{-}5)$$

式中　V_{ad}——空气干燥基挥发分的质量分数，%；

　　　m_4——称取的一般分析煤样的质量，g；

　　　m_5——煤样加热后减少的质量，g。

4）记录坩埚中残留焦炭的外部特征，确定煤的黏结性序数（1~8）：

1——粉状。全部是粉末，没有相互黏着的颗粒。

2——黏着。以手指轻压即碎成粉状。

3——弱黏结。以手指轻压即碎成碎块。

4——不熔融黏结。以手指用力压，才裂成小块。焦渣表面无光泽，下面稍有银白色光泽。

5——不膨胀熔融黏结。焦渣呈扁平的饼状，煤粒的界限不易分清，表面有银白色金属光泽。

6——微膨胀熔融黏结。用手指压不碎，焦渣表面有银白色金属光泽，但焦渣表面具有较小的膨胀泡（或小气泡）。

7——膨胀熔融黏结。焦渣的上下表面有银白色金属光泽，明显膨胀，但高度不超过 15mm。

8——强膨胀熔融黏结。焦渣的上下表面有银白色金属光泽，焦渣的高度大于 15mm。

（3）灰分的测定：

1）将煤样取出（1±0.1)g，放入称量过的灰皿中均匀地摊平，使其每立方厘米的质量不超过0.15g。

2）将灰皿送入炉温不超过100℃的马弗炉恒温区中，关上炉门并使炉门留有15mm左右的缝隙；在不少于30min的时间内将炉温缓慢升至500℃，并在此温度下保持30min；继续升温到（815±10)℃，并在此温度下灼烧1h。

3）将灰皿从炉中取出，在空气中冷却5min，再放入干燥器内冷却至室温（约20min)后称重。

4）进行检查性灼烧，温度为（815±10)℃，每次20min，直到连续两次灼烧后的质量变化不超过0.001g为止。以最后一次灼烧后的质量为计算依据。灰分小于15%时，不必进行检查性灼烧。

5）煤样的空气干燥基灰分

$$A_{ad} = \frac{m_7}{m_6} \times 100 \tag{4-6}$$

式中 A_{ad}——空气干燥基灰分的质量分数,%；

   m_6——称取的一般分析煤样的质量，g；

   m_7——灼烧后残留物的质量，g。

（4）固定碳的计算：

若煤中含硫量不高而不需分析时，则固定碳的含量可由式（4-7）求出

$$FC_{ad} = 100 - (M_{ad} + V_{ad} + A_{ad}) \tag{4-7}$$

式中 FC_{ad}——空气干燥基固定碳的质量分数,%。

4.1.5 实验数据及处理

（1）将实验数据记入表4-1～表4-3。

表 4-1 煤的水分（M_t）测定数据表

煤 样 编 号			
外在水分测得平均值 M_f/%			
称量瓶	编号		
	质量/g		
（煤样+称量瓶重）/g			
煤样重/g			
（煤样+称量瓶重）/g	第一次干燥后		
	第二次干燥后		
	第三次干燥后		
内在水分净重/g			
内在水分 M_{ad}/%			
全水分 M_t/%			

表4-2 煤的挥发分（V_{ad}）测定数据表

煤样编号		
挥发坩埚编号		
挥发坩埚重/g		
（煤样＋挥发坩埚重）/g		
煤样重/g		
（灼烧后挥发坩埚＋残渣重）/g		
灼烧后减轻量/g		
挥发分 V_{ad}/%		
焦渣黏结性（1-8）		

表4-3 煤的灰分（A_{ad}）测定数据表

煤样编号		
灰皿编号		
灰皿重/g		
（灰皿＋煤样重）/g		
煤样重/g		
（煤样＋灰皿重（烧后））/g		
灰分净重/g		
灰分 A_{ad}/%		

（2）计算实验数据：

1）计算出煤的水分、挥发分、灰分、固定碳的质量分数。

2）将水分、挥发分、灰分、固定碳的空气干燥基换算成收到基。

3）初步鉴定煤的黏结性。

4）实验结果总表如表4-4所示。

表4-4 实验结果总表

M_f/%	M_{ad}/%	M_t/%	V_{ad}/%	A_{ad}/%	FC_{ad}/%	M_{ar}/%	V_{ar}/%	A_{ar}/%	FC_{ar}/%

4.2 气体燃料发热量的测定

单位燃料完全燃烧后所放出的热量称为热值（或称发热量），它是衡量燃料质量优劣的重要指标之一。不同的工艺要求和热工设备需选用不同发热量的燃料，以达到经济节能的目的。因此，必须了解燃料热值的测定方法。本节介绍气体燃料发热量的测定实验。

4.2.1 实验目的

（1）掌握气体燃料（或沸点低于250℃的轻质挥发性液体燃料）发热量的测定方法。

（2）了解容克式热量计的构造、工作原理及操作。

4.2.2　实验原理

气体燃料的发热量是指每标准立方米（0℃，101.3kPa）干燃气完全燃烧时所放出的热量。此热量不包括烟气中水蒸气冷凝放出的热量时称为低发热量，反之为高发热量。它的测定方法很多，本实验采用最常用的容克式热量计法。此法测定发热量的原理是：使一定流量的气体燃料（或挥发性液体燃料）完全燃烧所放出的热量全部被一定流量的水吸收，当水温稳定时可通过水的温升计量吸收的燃烧反应热效，再按式（4-8）求得燃料的发热量

$$Q_H = \frac{G \cdot C}{V}(t - t_0) \tag{4-8}$$

式中　V——燃料的用量（在标准状态下的体积），m^3；

　　　G——在燃料用量为 V 时通过热量计的水量，kg；

　　　t_0——水进入热量计时的温度，℃；

　　　t——水吸收热量后的温度，℃；

　　　C——水的热容量，20℃为 4.182 kJ/(kg·℃)；

　　　Q_H——燃料的高发热量（标准状态），kJ/m^3。

本热量计所测的是高发热量，燃料高热值减去烟气中水蒸气凝结时放出的热量就可得燃气的低发热量，即

$$Q_B = Q_H - r \times \frac{W}{V} \tag{4-9}$$

式中　Q_B——燃料的低发热量（标准状态），kJ/m^3；

　　　W——燃料燃烧后凝结水的质量，kg；

　　　r——每千克水蒸气凝结时所放出的热量，查附表Ⅲ，kJ/kg。

以上式（4-8）、式（4-9）只适用于被测定的燃料体积处于标准状态下（0℃，101.3kPa）的情况。而本实验中，燃料的体积是在工作状态下的，因此需将它按式（4-10）换算为标准状态

$$V = V' \times \frac{0.00269 \times P'}{273 + t'} \tag{4-10}$$

式中　V'——工作状态下的燃料体积，m^3；

　　　P'——燃料在工作状态下的绝对压力，Pa；

　　　t'——燃料在工作状态下的温度，℃。

燃料进入热量计以前，要通过湿式流量计测量流量，流量计中有水，所以燃料在通过时含有饱和水蒸气，而 P' 是指燃料干燥时的压力，因而须从所测得的燃料饱和压力中减去燃料在工作温度下的饱和水蒸气分压，即

$$P' = P + B - S \tag{4-11}$$

式中　P——燃气相对压力，Pa；

　　　B——大气压力，可用大气压力计测出，Pa；

　　　S——饱和水蒸气压力，可查附表Ⅲ，Pa。

燃气相对压力 P 由 U 形管压力计测出，U 形管压力计中介质为水，则

$$P = 9.8\Delta h \qquad (4\text{-}12)$$

式中 Δh ——U 形管压力计两管液面高度差，mmH_2O。

设

$$\frac{273 + t'}{0.00269 \times P'} = F$$

则式（4-8）可写成

$$Q_H = \frac{GFC}{V'}(t - t_0) \qquad (4\text{-}13)$$

4.2.3 实验装置

容克式热量计一套，其结构如图 4-1、图 4-2 所示。

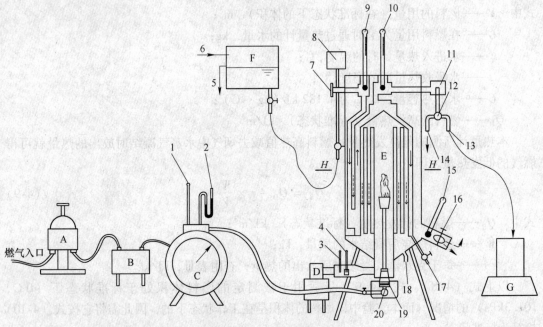

图 4-1 容克式热量计结构

A—燃气压力调节器；B—燃气增湿器；C—燃气流量计；D—控制式空气增湿器；E—热量计；F—水箱；G—电子秤；
1—燃气温度计；2—燃气压力计；3—空气干球温度计；4—空气湿球温度计；5—水箱溢流；6—水箱进水；
7—水量调节阀；8—恒位水槽；9—进水温度计；10—出水温度计；11—溢水漏斗；12—换向阀；
13，14—出水口；15—废气温度计；16—废气温度调节阀；17—放水阀；18—冷凝水出口；
19—燃烧器空气调节圆片；20—燃烧器；——水流；······废气；=—燃气

热量计系统由以下几部分组成：燃气压力调节器 A；燃气增湿器 B；燃气流量计 C；控制式空气增湿器 D；热量计 E；水箱 F；电子秤 G。

压力调节器后的燃气压力一般根据燃烧器喷嘴及热负荷确定（热负荷要求控制在 800～1000kcal/h）（折合 3.3～4.2MJ/h）。热量计是测定燃气热值的主要仪器，燃气通过燃烧器 20 在热量计中完全燃烧。水箱里的水经过恒位水槽 8（水箱中水温应比室温低（2±0.5）℃）进入热量计里，流经热量计后由溢流水漏斗 11 流出。由于水位差一定，因此水流为稳定流。流过热量计的水吸收了燃气燃烧产生的热量温度升高，进出水温度分别

由温度计 9、10 测得。在测量时通过换向阀 12
将水注入水桶内，用电子秤称出水重量 G。用水
量调节阀 7 控制进入热量计的水量，若水量偏小
则进出水温差加大，那样会增大热量计向周围
散热。为了略去这部分散热量，温差应该保持
在 10～12℃之间。蝶阀 16 可用来调节烟气温度
使废气温度计 15 的读数与燃气温度计 1 的读数、
空气干球温度计 3 的读数相等，这样就可以近似
地认为：进入热量计的燃气和空气的物理热与排
出热量计的物理热相抵消。

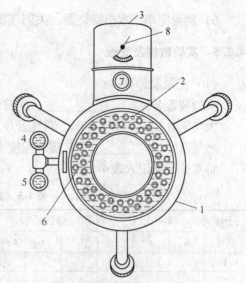

图 4-2　热量计主体截面图（$H—H$）
1—壳体；2—冷凝水流出口；3—废气出口；
4，5—水流排出管；6—热交换器管
（外径 10mm，内径 9mm，48 支）；
7—废气温度计插入孔；
8—废气挡板的控制杆

4.2.4　实验方法与步骤

（1）准备：

1）检查燃气系统是否接好，温度计、压力
计是否安装紧密，闭好水阀 17。

2）将换向阀 12 转向出水口 14 并将水量调
节阀拨到"4"与"5"之间，打开水龙头，使
水流入热量计，注意水流量不能太大，以水不
溢出水槽 8 为限，然后观察溢水漏斗 11 是否有水流出。如一定时间后漏斗 11 中无水，则
应检查，找出原因。

3）打开燃烧器 20 上的开关和燃气管上的阀门，如果流量计 C 的指针慢慢移动，燃气
压力计 2 中的水柱平稳上升，则可以点燃燃烧器。

4）调节燃气压力调节器 A 使燃气压力计 2 上的水柱读数约为 25mm，转动燃烧器 20 下
部的圆片 19 来调节空气量，使出现双层火焰，内焰呈淡蓝色，外层呈淡紫色，待火焰稳定
后将点燃后的燃烧器 20 置于热量计 E 中，使燃烧器位于圆筒的中心，然后固定在支架上。

5）燃烧器放入热量计后，温度计 10 的读数开始升高，几分钟后即达到稳定，同时转
动水量调节阀 7，使进入热量计的水量增加或减少，以使温度计 10 与 9 的读数之差为
10～12℃。转动调节阀 7 时不能太大，且转动后须等温度达到稳定时再进行转动。

6）转动废气温度调节阀 16，使温度计 15 与温度计 1 的读数相等。

（2）测量：当所有的温度计和压力计的读数稳定并合乎要求，热量计处于连续稳定的
工作状态时才可开始测定发热量。为了便于计算，每次实验的燃气量取为 10L（即流量计
指针转两圈）。

1）测量前应分别记下大气压力 B、燃气压力 Δh 和温度 t'。

2）在开始记录煤气量的同时，迅速拨通换向阀 12 使从热量计出来的水由出水口 13
流入水桶中，同时将 10mL 的量筒放在冷凝水出口 18 的下面。

3）流量计每走 1L 记录一次进出水温度计 9、10 的读数 t_0、t，应精确到 0.1℃以下。

4）当燃气量达到 10L 时即迅速转动换向阀 12 使水由出水口 14 排出，同时移开冷凝
水量筒。用电子秤称量水桶内的重量 G 及冷凝水量 W。

5）上述操作重复三次，尽量缩短三次的时间间隔。

6）测量完毕，取出燃烧器，关闭气源阀门，最后关闭水源阀门。

4.2.5 实验数据及处理

（1）记录及计算：

实验装置名称：_____；实验台号：_____；室温：_____℃；
大气压力 B = _____ Pa；燃气压力 Δh = _____ mmH_2O；
燃气温度 t' = _____ ℃；煤气温度下的饱和水蒸气压力 S = _____ Pa。
将实验数据记入表4-5。

表4-5 实验记录及计算表

实验次序	第一次/℃			第二次/℃			第三次/℃			燃料体积 V'/m^3	水质量 G/kg	凝结水质量 W/kg
	t_0	t	$t-t_0$	t_0	t	$t-t_0$	t_0	t	$t-t_0$			
1												
2												
3												
4												
5												
6												
7												
8												
9												
10												
平均值												

（2）计算标准状态下燃料的发热量 Q_H 和 Q_B。

4.2.6 注意事项

（1）检查燃气是否漏气：关闭燃烧器上的进气阀门，打开系统燃气入口开关，使热量计的进气系统内有燃气压力，然后关闭此阀门，检漏要维持约3min，要求压力计显示的燃气压力不下降。

（2）不可接错流量计的进气与出气管，只能使流量计指针顺时针转动。

（3）观察火焰，证实为稳定燃烧后才可将燃烧器伸入热量计内。

（4）必须先通水，水流正常才可将火焰稳定的燃烧器伸入热量计内，且定位正确。

（5）测热完毕，必须先取出燃烧器火焰，关闭燃气，最后再关闭水源阀门。

4.3 氧弹法测定燃料的热值

4.3.1 实验目的

（1）了解氧弹热量计的构造和使用方法。

（2）掌握固体、液体燃料热值的测定原理和方法，测定燃料的热值。

4.3.2 实验原理

氧弹热量计是用于测定固体、液体燃料热值的计量仪器。基本原理是：一定量的燃烧热标准物质苯甲酸在热量计的氧弹内燃烧，放出的热量使整个量热体系（包括内筒、内筒中的水或其他介质、氧弹、搅拌器、温度计等）由初态温度 T_A 升到末态温度 T_B，然后将一定量的被测物质在上述相同条件下进行燃烧测定。由于使用的热量计相同，而且量热体系温度变化又一致，因而可以得到被测物质的热值。

将已知量的燃料置于密封容器（氧弹）中，通入氧气，点火使之完全燃烧，燃料所放出的热量传给周围的水，根据水温升高度数计算出燃料热值。

测定时，除燃料外，点火丝燃烧，热量计本身（包括氧弹、温度计、搅拌器和外壳等）也吸收热量；此外热量计还向周围散失部分热量，这些在计算时都应考虑加以修正。

热量计系统在实验条件下，温度升高1℃所需要的热量称为热量计的热容量。测定之前，先使已知发热量的苯甲酸（量热计标准物质、热值为已知）在氧弹内燃烧，标定热量计的热容量 K。设标定时总热效应为 Q，测得温度升高为 Δt，测得热容量为 $K = Q/\Delta t$。

热量计的热容量 K 由教师提前测定好。测定热值时，将被测燃料置于氧弹中燃烧，如测得温度升高 Δt_x，则燃烧总热效应为：$Q' = K\Delta t_x$。再经进一步修正计算出燃料的热值。具体计算方法如下所述。

（1）热量计的热容量 K 值的计算

$$K = \frac{Q_1 M_1 + Q_2 M_2 + V Q_3}{(t_n - t_0) + \Delta\theta} \tag{4-14}$$

式中　K——热量计的热容量，J/℃；

　　　Q_1——苯甲酸（量热标准物质）的热值，由权威机构确定；

　　　M_1——苯甲酸的净重量，g；

　　　Q_2——点火丝的热值，镍铬丝为6000J/g；

　　　M_2——点火丝的净重量，g；

　　　V——滴定消耗的标准溶液（0.1mol/L NaOH 或 0.1mol/L KOH）体积，mL；

　　　Q_3——硝酸生成热滴定校正（0.1mol 的硝酸生成热为5.9J），J/mL；

　　t_0，t_n——主期初温和末温，℃；

　　　$\Delta\theta$——量热体系与环境的热交换修正值，℃。计算方法（瑞-芳法）为

$$\Delta\theta = \frac{V_n - V_0}{\theta_n - \theta_0}\left(\frac{t_0 + t_n}{2} + \sum_1^{n-1} t_i - n\theta_n\right) + nV_n \tag{4-15}$$

V_0，V_n——初期和末期的温度变化率，℃/30s；

θ_0，θ_n——初期和末期的平均温度，℃；

　　　n——主期读取温度的次数；

　　　t_i——主期按次序温度的读数。

（2）计算燃料燃烧的氧弹热值

$$Q = \frac{K(t_n - t_0 + \Delta\theta) - Q_2 M_2 - V Q_3}{G} \tag{4-16}$$

式中　Q——试样燃料的氧弹热值，kJ/kg；

G——试样质量，g。

（3）煤的发热量的换算。在氧弹中燃烧的煤样，由于在氧弹的高温高压条件下，氮生成硝酸、硫生成硫酸都放出热量，水蒸气在高压下变为液态也会放出凝结热，因此氧弹中测得的煤的发热量是最大的，称为氧弹发热量。

发热量中如不包括上述因生成硝酸与硫酸而形成的热量，则称为高位发热量。高位发热量与氧弹发热量之间的关系（以空气干燥基发热量为例）为

$$Q_{\mathrm{gr,ad}} = Q_{\mathrm{b,ad}} - (94.1 S_{\mathrm{b,ad}} + \alpha \cdot Q_{\mathrm{b,ad}}) \tag{4-17}$$

式中　$Q_{\mathrm{b,ad}}$——燃料的空气干燥基氧弹发热量，kJ/kg；

　　　　$Q_{\mathrm{gr,ad}}$——燃料的空气干燥基高位发热量，kJ/kg；

　　　　$S_{\mathrm{b,ad}}$——由弹筒洗液测得的含硫量，%；

　　　　α——硝酸生成热的校正系数：当 $Q_{\mathrm{d}}^{\mathrm{f}} \leqslant 16.70\mathrm{MJ/kg}$ 时，$\alpha = 0.001$；当 $16.7\mathrm{MJ/kg} < Q_{\mathrm{d}}^{\mathrm{f}} \leqslant 25.10\mathrm{MJ/kg}$ 时，$\alpha = 0.0012$；当 $Q_{\mathrm{d}}^{\mathrm{f}} > 25.10\mathrm{MJ/kg}$ 时，$\alpha = 0.0016$。

发热量中如不包括因生成硝酸与硫酸形成的热量也不包括水蒸气变为液态放出的热量，则这种发热量称为低位发热量。

当煤不在氧弹中燃烧而在空气中燃烧，则氮变成游离氮逸出，硫生成二氧化硫逸出，而水蒸气也会凝结放出凝结热。锅炉燃烧工况和排除锅炉的燃烧产物工况属于这一种情况。因而我国锅炉热效率计算中都采用燃料的收到基低位发热量进行计算。燃料的低位发热量与高位发热量之间存在一定换算关系，以空气干燥基发热量为例，可按式（4-18）、式（4-19）计算

$$Q_{\mathrm{net,ad}} = Q_{\mathrm{gr,ad}} - 25.12(9H_{\mathrm{ad}} + M_{\mathrm{ad}}) \tag{4-18}$$

$$H_{\mathrm{ad}} = 2.329 + 0.066V_{\mathrm{ad}} + 0.168CRC \tag{4-19}$$

式中　　　$Q_{\mathrm{net,ad}}$——燃料的空气干燥基低位发热量，kJ/kg；

　　H_{ad}，M_{ad}，V_{ad}——燃料空气干燥基的氢、水分及挥发分的质量分数，%；

　　　　CRC——焦渣特性。

如需将已知的空气干燥基低位 $Q_{\mathrm{net,ad}}$（高位 $Q_{\mathrm{gr,ad}}$）发热量换算成收到基低位 $Q_{\mathrm{net,ar}}$（高位 $Q_{\mathrm{gr,ar}}$）发热量，则

$$Q_{\mathrm{net,ar}} = (Q_{\mathrm{gr,ad}} - 206H_{\mathrm{ad}}) \times \frac{100 - M_{\mathrm{ar}}}{100 - M_{\mathrm{ad}}} - 23M_{\mathrm{ar}} \tag{4-20}$$

$$Q_{\mathrm{gr,ar}} = Q_{\mathrm{gr,ad}} \times \frac{100 - M_{\mathrm{ar}}}{100 - M_{\mathrm{ad}}} \tag{4-21}$$

4.3.3　实验装置

本实验采用 XRY-1A 型数显氧弹热量计，其构造如图 4-3 所示，氧弹的构造如图 4-4 所示。

图4-3　氧弹热量计构造
1—玻璃管温度计；2—搅拌电动机；
3—温度传感器；4—翻盖手柄；
5—手动搅拌柄；6—氧弹体；
7—控制面板

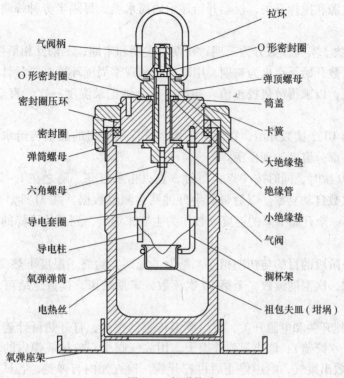

图 4-4　氧弹构造

4.3.4　实验方法与步骤

（1）准备：

1）燃料准备。每次测定试样：柴油 0.6 ~ 0.8g、煤样 1g 或苯甲酸 1g（约 2 片），精确至 0.0002g，煤样需压成煤饼。

2）点火丝。直径约 0.1mm 镍铬丝，长 80 ~ 100mm，再把等长的 10 ~ 15 根点火丝同时放在分析天平上称量，计算每根点火丝的平均重量，并测量点火丝的长度。

3）氧气。准备纯度为 99.5% 的工业氧气用于氧弹内，禁止使用电解氧。

（2）操作：

1）先将热量计外筒装满水（与室温相差不超过 0.5℃ 的水），实验前用外筒搅拌器（手拉式）将外筒水温搅拌均匀。

2）称取试样质量 G（柴油 0.6 ~ 0.8g），再称准至 0.0002g 放入坩埚中。

3）把氧弹的弹头放在弹头架上，将盛有试样的坩埚固定在坩埚架上，将 1 根点火丝的两端固定在两个电极柱上，并让其与试样有良好的接触（点火丝与坩埚壁不能相碰），然后在氧弹中加入 10mL 蒸馏水，拧紧氧弹盖，并用进气管缓慢地充入氧气直至弹内压力为 2.5 ~ 3.0MPa 为止，氧弹不应漏气。

4）把上述氧弹放入内筒中的氧弹座架上，再向内筒中加入约 3000g（称准至 0.5g）蒸馏水（温度已调至比外筒低 0.2 ~ 0.5℃ 左右），水面应至氧弹进气阀螺帽高度约 2/3 处，每次用水量应相同。

5）接上点火导线，并连好控制箱上的所有电路导线，盖上胶木盖，将测温传感器插入内筒，打开电源和搅拌开关，仪器开始显示内筒水温，每隔半分钟蜂鸣器报时一次，实验开始读数。

6）实验读数。实验读数分为三期：初期、主期和末期，三期互相衔接。

初期：由读数开始至点火为初期，用以记录和观察周围环境与热量计在实验开始温度下热交换的关系，以求得散热校正值。初期内半分钟记录温度一次，直至得到10个读数为止。

主期：从第10个读数开始，在此阶段燃烧试样所放出的热量传给水和热量计，并使热量计设备的各部分温度达到平衡。

当记下第10次时，同时按"点火"键，点火指示灯亮，随之在1～2s内熄灭表示点火完毕，测量次数自动复零。以后每隔半分钟储存测温数据，共31个，第1个读数作为主期初温 t_0，第一个开始下降的温度读数作为主期末温 t_n，到开始下降的第一个温度读数为止为主期。

末期：这一阶段的目的与初期相同，是为了观察实验终了温度下热交换的关系。t_n 后仍每半分钟读取一次温度读数，至第10次读数，末期结束，读数也结束，按"结束"键表示结束实验。

7）关闭搅拌开关和电源开关，拔出测温传感器探头，打开热量计盖（注意：先拿出传感器，再打开水筒盖），取出氧弹并擦干。用放气阀小心放掉氧弹内的氧气（切不可先拧开氧弹盖），放出废气，响声停止后再拧开盖，检查弹内与弹盖，若试样燃烧完全，实验有效，取出未烧完的点火丝称重并测量长度。若有试样燃烧不完全，则此次实验作废。

8）用蒸馏水洗涤氧弹内部及坩埚，洗液收集到三角烧瓶的体积约150～200mL。将氧弹及坩埚擦拭干净，弹头置于弹头架上。

9）将烧瓶置于电炉上加热，煮沸1～2min，冷却后滴3～5滴酚酞指示剂，用0.1mol/L NaOH（或0.1mol/L KOH）标准溶液进行滴定，记录消耗的标准溶液的体积。

4.3.5 实验数据及处理

（1）记录实验数据：

实验装置名称：＿＿＿＿＿＿＿；实验台号：＿＿＿＿＿＿＿；室温：＿＿＿＿℃；

热量计的热容量 K =＿＿＿＿＿；试样名称：＿＿＿＿＿＿＿；试样质量 G =＿＿＿＿g；

点火丝长：＿＿＿＿ cm；剩余点火丝长：＿＿＿＿ cm；

点火丝的净重量 M_2 =＿＿＿＿g；滴定消耗的标准溶液体积 V =＿＿＿＿mL。

将实验数据记入表4-6。

表4-6 实验记录表 （℃）

名称	1	2	3	4	5	6	7	8	9	10
初期										
主期										
末期										

（2）计算燃料的热值。

4.3.6　注意事项

（1）氧弹内使用纯度为99.5%的工业氧气，禁止使用电解氧。

（2）保持仪器表面清洁干燥，不可让水流入仪器，引起电路板损坏。尤其是外筒不能加的过满，以免搅拌时水溢出造成电路板损坏。

（3）点火丝与坩埚壁不能相碰。

（4）实验完毕应先拿出传感器，再打开热量计水筒盖；切不可先拧开氧弹盖，应先用放气阀小心放掉氧弹内的氧气再拧开盖。

4.4　燃料油黏度的测定

随着我国石油工业的发展，燃料油的应用日益广泛，了解燃料油的性质对于燃料油的选择、燃烧设备的选用、组织燃烧都十分重要。液体动力燃料的主要性质有：闪点、燃点、自燃点、黏度、比重、凝固点、发热量等。本节介绍黏度的测定实验。

4.4.1　实验目的

了解液体黏度的工业测定方法及温度对黏度的影响。

4.4.2　实验原理

黏度是液体燃料的一个重要特性参数，对燃料的输送、雾化和燃烧有较大影响。对液体燃料来说最常用的黏度有：动力黏度、运动黏度和条件黏度（或称相对黏度），这里介绍条件黏度。

我国采用的条件黏度为国际上广泛采用的恩氏黏度。在一定温度 t 下一定量的试样自恩格勒黏度计底部小孔流出 200mL 时所需的时间 τ_t 和在 20℃ 下流出同体积纯水所需的时间 K_{20} 的比值称为恩氏黏度，表达式如下

$$E_t = \frac{t℃\,200\text{mL 液体流出时间}}{20℃\,200\text{mL 水流出时间}} = \frac{\tau_t}{K_{20}} \tag{4-22}$$

式中　E_t——恩氏黏度，°E；

K_{20}——黏度计的水值，单位为 s，一般 20℃ 时 200mL 水的流出时间为 50～52s，实验时不进行这项测定，每台仪器都已测好水值，并标在仪器上。

4.4.3　实验装置

恩式黏度计如图 4-5 所示。

4.4.4　实验方法与步骤

（1）先在外锅中加入水或油（水面最低应比油面高 10mm，80℃ 以下用水，80℃ 以上用油），然后把温控仪探头固定在支架上，探头头部要插入水中。

（2）用木栓堵住内锅底部之小孔，然后往内锅中加入试样油，油面应达到带有三个尖

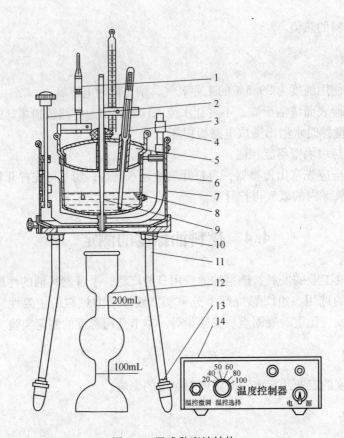

图 4-5　恩式黏度计结构

1—温控仪探头；2—手动搅拌器；3—恩式温度计；4—加热器；5—内锅盖；
6—内锅；7—外锅；8—油面高度标志；9—木栓；10—流出管；
11—支架；12—黏度计瓶；13—调整螺丝；14—温控仪

钉的尖端处，并在同一水平面上，盖好内锅盖，插入温度计。

（3）打开温控仪开关，把温控选择旋钮放在所选择的位置上，待油达到设定的温度时，再保持5min，然后迅速提起木塞，同时启动秒表，当黏度计瓶内的试液达到200mL标线时（泡沫不计）停秒表，读取流出时间τ_t，准确至0.2s，按式（4-22）计算试液的恩氏黏度E_t'。

（4）重新选择控制温度，重复步骤（3），取平行两次测定结果的算术平均值，作为试液的恩氏黏度E_t。

连续两次测定结果的差值不应超过下列数值：

流出时间/s	250 以下	251~500	501~1000	>1000
允许差值/s	1	3	5	10

4.4.5　实验数据及处理

（1）记录及计算：

实验装置名称：＿＿＿＿＿＿＿＿＿＿；实验台号：＿＿＿＿＿＿＿＿＿＿；

室温：＿＿＿＿℃；K_{20} = ＿＿＿＿ s。

将实验数据记入表4-7。

表 4-7　实验记录及计算表

液体名称	实验次序	温度 $t/℃$	时间 τ_t/s	流量 /mL	黏度 E'_t /°E	黏度平均值 E_t /°E	动力黏度 ν /m²·s⁻¹
	1						
	2						
	3						
	4						
	5						
	6						
	7						
	8						

注：1. 每种燃料油在一种温度下测定两次黏度，最后取平均值作为该温度下的黏度。

　　2. 每种燃料油必须至少测定出三个温度下的黏度值，否则无法正确画出温度与黏度的关系曲线图。

　　3. 动力黏度 ν 和恩氏黏度 E_t 的关系为：

$$\nu = \left(0.073E_t - \frac{0.063}{E_t}\right) \times 10^{-4} \qquad (4\text{-}23)$$

（2）说明测定黏度的意义及温度对黏度的影响，将其关系画在坐标图上。

4.4.6　实验分析与讨论

对实验的准确性及造成误差的原因加以说明。

4.5　燃料油闪火点及燃烧点的测定

液体燃料是易燃易爆危险品，了解它与着火、爆炸、燃烧等有关的一些性质，对于预防火灾、确保安全运行是很有意义的。

4.5.1　实验目的

了解液体燃料闪火点与燃烧点的测定方法及差异，以便正确地使用燃料，达到燃料的储运安全、燃烧安全、稳定、设备高效节能。

4.5.2　实验原理

当燃料油被加热时，在油的表面上将会产生油蒸气，油温越高，油蒸气产生得越多。在规定的条件下，将燃料油加热到它的蒸汽与空气的混合气接触火焰能发生闪火现象时的最低温度称为闪火点。

闪火只是瞬时的现象，当燃料油再继续加热，此时油蒸气的蒸发速度也逐渐增大，在规定的条件下加热到它的蒸汽能被接触的火焰点着并连续燃烧时间不少于 5s 时的最低温度称为燃烧点。一般，燃烧点比闪火点高 10~35℃。

闪火点与燃烧点的测定方法有很多，但大体上可以分为开放式和封闭式两种，本实验选做开放式闪火点与燃烧点测定法（也叫开口杯法）。

测定闪点和燃点时，均须从外面引入火源。若继续提高油温，则油气在空气中无须外加火源即能因剧烈地氧化而自行燃烧，自行燃烧时的最低油温称为自燃点。本实验不做此项内容实验。

4.5.3　实验装置

实验装置如图 4-6 所示，称为"克利夫兰开口闪点试验器"，它适用于测定除燃料油以外的、开口杯闪点高于 79℃ 的石油产品和沥青的闪点和燃点，例如润滑油与深色石油产品。"开口式"实验法测得的闪点要比"封闭式"高 5~10℃。

4.5.4　实验方法与步骤

（1）打开电源开关，指示灯亮。

（2）将试样倒入克利夫兰油杯中，至刻线处。试样向坩埚内注入时应避免溅出，且液面以上的坩埚壁不应沾有试样。

（3）把油杯放在电炉上，再将温度计垂直地固定在温度计夹上，并使温度计的水银球位于内坩埚中央，与坩埚底

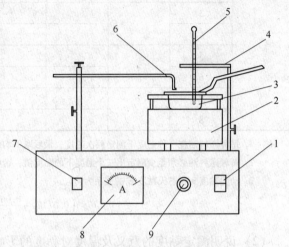

图 4-6　开口闪点试验器装置
1—电源开关；2—电炉；3—克利夫兰油杯；
4—温度计架；5—温度计；6—点火器；
7—点火划扫开关；8—电流表；9—加热调节

和液面的距离大致相等。调节好火焰的长度为 4mm，再调节好点火装置的高度（火焰中心距油杯上边缘面上 2mm）。

（4）调节电位器，开始加热时试样的升温速度为每分钟 14~17℃，当试样温度到达预期闪点前 56℃ 时，减慢加热速度，控制升温速度，使在闪点前约最后 28℃ 时为每分钟 5~6℃。

（5）在预期闪点前 28℃ 时，按动划扫按钮开关，点火杆划扫点火。试样液面上方出现蓝色火焰时，应立即记下温度计上的温度读数作为闪火点。

注：试样油的闪火点同点火器的闪火不应混淆，如果闪火现象不明显或无闪火现象，每升高 2℃ 后再次按动划扫按钮开关，点火杆先向一个方向划扫，下次再向相反方向划扫点火，试验火焰每次越过油杯所需时间约为 1s。

（6）如果还需要测定燃烧点，则应继续加热，使试样的升温速度为每分钟 5~6℃。用点火器的火焰进行点火试验，试样每升高 2℃ 就划扫一次，直到试样着火，并能连续燃烧不少于 5s，此时立即记录温度计上的温度作为燃烧点。

（7）记录完实验数据后应把温度计移出油杯，用熄火盖盖在油杯上，并关闭煤气，切断电源，并做好清洁工作。

4.5.5　实验数据及处理

实验装置名称：_____；实验台号：_____；室温：_____℃。

将实验数据记入表4-8。

表4-8　实验记录及计算表

燃料名称	序号	闪火点/℃	燃烧点/℃
	1		
	2		
	平均值		

注：1. 取平均测定两个闪点的算术平均值，作为试样的闪点，但两次测定的误差不能超过8℃。

2. 取平均测定两个燃烧点的算术平均值，作为试样的燃点，但两次测定的误差不能超过8℃。

4.5.6　实验分析与讨论

（1）说明测定闪点及燃点的意义，描述在测定闪点和燃点时见到的现象。

（2）说明实验结果的准确性及造成误差的原因。

4.5.7　注意事项

（1）电源线必须有良好的接地端，确保用电的安全。

（2）仪器应放置在避风和光线较暗的地方，使闪点现象能看得清楚。

（3）实验时，油杯应轻拿轻放，以防玻璃管破碎，造成漏电。

（4）电源开启后顺时针旋转电位器旋钮，如电流指示仍未过零，可再向右旋一点角度。

（5）调节加热速率时，应注意尽量不要使加热电流长时间超过2.5A，以保证仪器的长期稳定使用。

（6）试样中含水分大于0.1%时必须脱水。脱水处理是通过在试样中加入新煅烧并冷却的食盐、硫酸钠或无水氯化钙进行的。闪点低于100℃的试样脱水时不必加热，其他试样允许加热到50～80℃时用脱水剂脱水。脱水后，取澄清的试样供实验用。

（7）大气压力与标准大气压（101.3kPa）的差值超过±3.3kPa时，闪点或燃点测定值需按式（4-24）修正（计算至1℃）

$$t_0 = t + 0.25 \times (101.3 - p) \tag{4-24}$$

式中　t_0——在标准大气压的闪点或燃点，℃；

t——在大气压力p时测得的闪点或燃点，℃；

p——测定闪点或燃点时实际大气压力，由气压计测得，kPa。

4.6　可见火焰传播速度实验

火焰传播速度（即燃烧速度）是气体燃料燃烧的重要特性之一，它不仅对火焰的稳定性和燃气互换性有很大的影响，而且对燃烧方法的选择、燃烧器设计和燃气的安全使用也有实际意义。

4.6.1　实验目的

（1）熟悉静压法（管子法）测定火焰传播速度（单位时间内在单位火焰面积上所燃

烧的可燃混合物的体积）的方法。

（2）了解火焰传播速度 u_0、火焰行进速度 u_p 和来流（供气）速度 u_s 之间的相互关系。

4.6.2 实验原理

在一定的流量、浓度、温度、压力和管壁散热情况下，当点燃一部分燃气-空气混合物时，在着火处形成一层极薄的燃烧火焰面。这层高温燃烧火焰面加热相邻的燃气-空气混合物，使其温度升高，当达到着火温度时，就开始着火形成新的焰面。这样，焰面就不断向未燃气体方向移动，使每层气体都相继经历加热、着火和燃烧过程，即燃烧火焰锋面与新的可燃混合气及燃烧产物之间进行热量交换和质量交换。层流火焰传播速度的大小由可燃混合物的物理化学特性决定，所以它是一个物理化学常数。

设可燃混合气在管内的供气速度为 u_s，火焰传播速度为 u_0，则火焰行进速度 u_p 为

$$u_p = u_0 - u_s \tag{4-25}$$

当火焰锋面驻定时 $u_p = 0$，可以近似认为火焰传播速度 u_0 等于来流速度 u_s。根据理想气体状态方程式（等温），将燃气和空气测量流量换算成（当地大气压下）石英玻璃管内的流量值，然后计算出混合气的总流量 Q，再根据流量 $Q = \dfrac{\pi d^2}{4} u_s$ 求出 u_s，从而得到火焰传播速度 u_0（图4-7）。

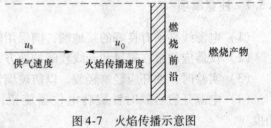

图4-7　火焰传播示意图

4.6.3 实验装置

实验装置如图4-8所示。

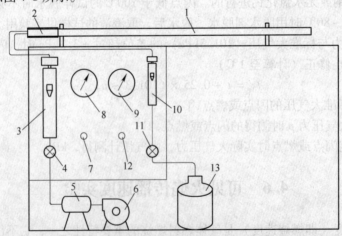

图4-8　可见火焰传播速度实验装置图

1—石英玻璃管；2—引射混合器；3—空气流量计；4—空气流量调节阀；5—稳压罐；
6—风机；7—风机开关；8—空气压力表；9—燃气压力表；10—燃气流量计；
11—燃气流量调节阀；12—燃气开关；13—燃气罐

风机产生的空气通过稳压罐、调压阀、流量计后进入引射混合器，燃气经减压器、调

压阀、流量计后在引射混合器中与空气预混合，再经二次稳压管、防回火器，进入石英玻璃管进行燃烧实验。

4.6.4 实验方法与步骤

（1）开启排风扇，保持室内通风，防止燃气泄漏造成对人员的危害。

（2）启动风机，打开空气进气阀，按要求设定预混空气表压（空气表压5kPa）。

（3）开启燃气罐开关阀，稍开燃气流量调节阀，使石英玻璃管内充满一定浓度的燃气-空气可燃混合物（参考值：燃气流量0.3L/min；空气流量0.7m³/h）。

（4）用点火枪在石英玻璃管出口端点燃可燃混合气（注意：点火枪不能直接对着玻璃管中心，防止流动的可燃混合气把点火花吹熄）；如点火不成功，则重新调整燃气和空气的流量，保证可燃混合物处于着火浓度极限范围内，直至点火成功。

（5）观察石英玻璃管口的火焰形态。

（6）交替调节预混空气调节阀和燃气调节阀，使火焰呈预混合火焰的特征。

（7）微调空气阀和燃气阀，微量减小可燃混合气流量，使石英玻璃管口火焰锋面朝着可燃混合气一侧缓慢移动。当火焰锋面基本置于石英玻璃管中间段位置时，微量调节空气流量阀门，使可燃混合气流量微量增大。当燃烧速度 u_0 等于可燃气的来流（供气）速度 u_s 时，火焰行进速度 $u_p = 0$，此时，火焰锋面在空间驻定静止不动。

如果供气速度调节过大，会造成火焰脱火；反之，会造成回火而吹熄；此时重复（3）~（7）过程，直至燃烧火焰锋面在石英玻璃管中间段驻定而不移动。

火焰锋面驻定参考值：燃气流量0.2L/min，燃气表压8kPa；空气流量0.5m³/h，空气表压5kPa。

（8）记录燃气、空气流量及表压、环境温度及当地大气压。

（9）关闭燃气和空气阀门，多次点燃实验玻璃管出口，一直到滞留在稳压管中所有混合气全部燃烧完为止，然后整理实验现场。

4.6.5 实验数据及处理

实验装置名称：_____；实验台号：_____；大气压力 $B = $ _____ MPa；
室温：_____℃；石英玻璃管内径 $d = $ _____ mm。

将实验数据记入表4-9。

表4-9　实验记录及计算表

实验次序	空气流量 $Q_1/m^3 \cdot h^{-1}$	空气表压 p_1/kPa	燃气流量 $Q_2/L \cdot min^{-1}$	燃气表压 p_2/kPa	混合气流量 $Q/m^3 \cdot h^{-1}$	供气速度 $u_s/m \cdot s^{-1}$	火焰传播速度 $u_0/m \cdot s^{-1}$
1							
2							
3							

4.6.6　实验分析与讨论

（1）过量空气系数（即空气消耗系数）和预热空气温度对火焰的燃烧温度、火焰传播速度有何影响？

（2）倘若石英玻璃管无限长且管内充满了可燃混合气，一端闭口，一端开口；在开口端点火，产生行进火焰，请叙述将会出现怎么样的燃烧现象？

4.7　烟气成分分析

在锅炉测试和锅炉运行中为了检验和监督锅炉运行工况的经济性和安全性，需对锅炉燃烧生成的烟气取样并分析其组成成分。用奥氏气体分析器分析烟气中的主要成分：O_2 含量、三原子气体（CO_2 和 SO_2）含量（简称 RO_2 含量）、可燃气体 CO 及 N_2 含量。

4.7.1　实验目的

（1）了解奥氏气体成分分析器（简称气体分析器）的构造，掌握气体分析器的使用方法和操作。

（2）用奥氏气体分析器分析烟气中的主要成分。

（3）了解并掌握吸收剂的配制及化学反应式。

4.7.2　实验原理与装置

气体分析器是一种基于烟气体积的分析器，主要通过被分析烟气试样与各吸收剂反应后测量其减少的体积来确定其成分含量。气体分析器中应用的吸收剂应能对烟气中被测成分进行选择性吸收。其结构简图如图4-9所示。

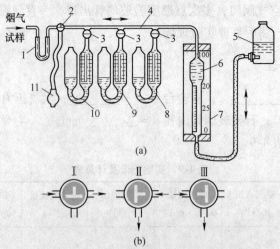

图4-9　奥氏气体分析器结构简图

（a）结构简图；（b）三通旋塞的操作位置

1—过滤器；2—三通旋塞；3—二通旋塞；4—连通管；5—平衡瓶；

6—量筒；7—水套管；8～10—吸收瓶；11—抽气皮囊

气体分析器主要由过滤器、吸收瓶、连通管和平衡瓶等组成。过滤器可滤去烟气中的飞灰，以免堵塞连通管；吸收瓶内装吸收剂，可选择性地吸收烟气中某些成分；量筒的作用为测定烟气体积；平衡瓶是下部与量筒相连的玻璃瓶，举高平衡瓶可迫使烟气试样进入吸收瓶或排入大气，放低平衡瓶可吸回吸收瓶中的气体或吸取烟气试样。

图 4-9 中的三通旋塞可处于三种操作位置：在位置 I 时为吸取烟气试样位置；在位置 II 时为将管路中废气排往大气的位置；在位置 III 时为已取好烟样进行烟气分析的位置。

吸收瓶 8 中充入氢氧化钾水溶液，以吸收烟气中的 RO_2，其反应式如下

$$2KOH + CO_2 \longrightarrow K_2CO_3 + H_2O \tag{4-26}$$

$$2KOH + SO_2 \longrightarrow K_2SO_3 + H_2O \tag{4-27}$$

吸收瓶 9 中装有焦性没食子酸的碱溶液，用以吸收烟气中的 O_2，反应式如下

$$4C_6H_3(OK)_3 + O_2 =\!=\!= 2[(OK)_3C_6H_2 - C_6H_2(OK)_3] + 2H_2O \tag{4-28}$$

吸收瓶 10 中装有氯化亚铜的氨溶液，用以吸收烟气中的 CO。

4.7.3 药品的配制

（1）CO_2 吸收剂：氢氧化钾溶液的配制方法为将 100g 氢氧化钾溶于 200mL 的蒸馏水中。

（2）O_2 吸收剂：焦性没食子酸的碱溶液可按下面方法配制，在 130mL 蒸馏水中加入氢氧化钾 190g；将 20g 焦性没食子酸溶于 60mL 蒸馏水中；最后将这两种溶液混合配成。

（3）CO 吸收剂：将 34g 氯化亚铜溶解在氯化铵溶液（42g NH_3Cl 溶解在 125mL 蒸馏水中），并向所得的混合液中加入 25% 氨水，直到 $CuCl_2$ 完全溶解为止（约 84mL），该溶液也很容易吸收 O_2。

（4）封闭液的配制：5% H_2SO_4 溶液加甲基橙指示剂数滴使溶液呈微红色，共配制 200mL 封闭液。

4.7.4 实验方法与步骤

奥氏气体分析器分析烟气成分的工作可以分为准备工作、烟气取样和烟气成分分析三个部分。

（1）准备工作：

1）吸收剂等的注入：先将各吸收剂注入各吸收瓶中，封闭液装在平衡瓶中，水套中应注满蒸馏水，各旋塞在其接触面上应涂油脂，注意不要将孔堵塞。

2）检查分析器各部件的气密性：

①检查两通旋塞与吸收瓶间的连接管漏气：将三通旋塞通向大气，关闭所有二通旋塞，然后提高平衡瓶，使量筒液面升至上刻度，再关闭三通旋塞。稍提高平衡瓶，同时开启吸收瓶 8 的二通旋塞，再相应降低平衡瓶，使药液位至瓶颈小口处，立即关闭二通。如药液位稳定，则说明二通旋塞与吸收瓶 8 的连接部分不漏气，用同样的方法检查吸收瓶 9、10 的旋塞与其连接部分应严密不漏气。注意吸收瓶的木塞不可塞得太紧。

②检查三通旋塞与其他连接部分：三通旋塞置于通大气位置，关闭所有二通旋塞，使量筒内液面升至上刻度，关闭三通旋塞。降低水准瓶，观察量筒内液位，如经 $1 \sim 2\min$ 后液位仍不发生变化，说明严密不漏气。

（2）烟气取样：

1）先排除可能随烟气进入的空气或其他气体，其方法为：使三通旋塞处于位置 I，使取样管与量筒接通，关闭所有二通旋塞，通过升降平衡瓶使量筒先充满吸入的烟气，后排除这部分烟气。经重复多次操作后，使分析器中吸入的烟气确为烟气试样。

2）在吸入烟气试样时，对齐量筒与平衡瓶的液位为 100mL 时即可得到大气压力下体积为 100mL 的烟气试样，再将三通阀旋至关闭位置，开始烟气成分分析工作。

（3）烟气成分分析：

1）烟气成分中应最先使吸收剂吸收 RO_2。先升高平衡瓶，再打开吸收瓶 8 上的二通旋塞使烟气试样压入吸收瓶。往复利用平衡瓶使烟气在吸收瓶中抽送 4～5 次后，将吸收瓶中吸收剂液位高度恢复到原位并关闭二通旋塞。此时，对齐量筒与平衡瓶的液位，读取此时气体的体积为 a。读得的减少体积即是反应烟气中 RO_2 的体积百分数，即：$100 - a$。

2）用同法可通过吸收瓶 9 测定烟气试样中氧气的体积百分数。此时气体的体积为 b，应注意在量筒中读得的体积减少值是 $RO_2 + O_2$ 的体积。因此 O_2 的体积百分数应是上次与这次读数的差值，即：$a - b$。

3）用同法可通过吸收瓶 10 测定烟气试样中 CO 的体积百分数。此时气体的体积为 c，CO 的体积百分数应是 $b - c$。

4）不完全燃烧时，烟气中干烟气的实际体积为

$$V = V_{RO_2} + V_{O_2} + V_{N_2} + V_{CO} \tag{4-29}$$

通常在烟气分析仪中所测得的是干烟气中各成分的体积百分比，即

$$RO_2\% + O_2\% + N_2\% + CO\% = 100\% \tag{4-30}$$

所以剩余的体积 c 即为 N_2 的体积。

注意：由于烟气中 CO 含量很少，奥式分析仪难以测准，故实际上用它测定 RO_2 和 O_2，而 CO 可查阅《锅炉及锅炉房设备》用计算方法算出。

4.7.5 实验数据及处理

实验装置名称：＿＿＿＿＿＿＿＿；实验台号：＿＿＿＿＿＿。

将实验数据记入表 4-10。

表 4-10 实验记录及计算表

实验编号	烟气成分	吸收各成分后体积数/mL	各成分气体含量/%
	RO_2	$a =$	
	O_2	$b =$	
	CO	$c =$	
	N_2	$d =$	

表中各成分气体的百分含量可按式（4-31）～式（4-34）计算：

$$RO_2 = 100 - a \tag{4-31}$$

$$O_2 = a - b \tag{4-32}$$

$$CO = b - c \tag{4-33}$$

$$N_2 = d = 100 - (RO_2 + O_2 + CO) = c \tag{4-34}$$

式中　a——RO_2 吸收后的体积数，mL；

　　　b——O_2 吸收后的体积数，mL；

　　　c——CO 吸收后的体积数，mL；

　　　d——N_2 的体积数，mL。

4.7.6　实验分析与讨论

（1）用什么试剂吸收 CO_2、O_2、CO？

（2）分析测定各成分气体时，是按什么顺序进行的？

4.7.7　注意事项

（1）仪器内原有气体必须排除干净，烟气试样才具有真实性。

（2）实验过程中，不得使吸收瓶内的溶液流出旋塞，同时也不能使量筒内的水流出量筒。

（3）测试时必须按吸收瓶 8、9、10 的次序进行，切不可颠倒。

4.8　煤中全硫的测定

在各种不同的煤炭中，都含有数量不等的硫分。根据煤中硫的不同存在形态通常可分为两大类：一类是以有机形态存在的硫，叫做有机硫；另一类是以无机形态存在的硫，叫做无机硫。煤中的硫分对炼焦、汽化、燃烧等都是十分有害的杂质。硫在燃烧过程中形成 SO_2，SO_2 遇空气中的水分形成酸雾，不仅腐蚀锅炉尾部受热面，而且还是造成空气污染的"公害"……因此煤中硫分含量的高低是评价煤炭质量的重要指标之一，所以对硫分的测定也就具有十分重要的意义。

4.8.1　实验目的

了解和掌握煤中测量全硫的基本原理及实验方法。

4.8.2　实验原理

根据硫在煤中存在的各种形态，对硫的测定可分为硫酸盐硫，记作 S_s；硫化铁硫，记作 S_p；全硫记作 S_t；全硫即为各种形态硫的总和，通常是指煤中的硫酸盐硫、硫化铁硫和有机硫（记作 S_o）的总和，可表示为

$$S_t = S_s + S_p + S_o \tag{4-35}$$

煤中全硫的测量方法很多，主要常用的方法有重量法（即艾士卡法）、高温燃烧法和库仑滴定法三种。其中重量法是我国国标 GB/T 214—2007 规定的全硫测定仲裁法。这里我们采用重量法（即艾士卡法）。

重量法测定煤中全硫包括煤样的半熔、用水抽提、硫酸钡沉淀、过滤、洗涤、干燥、灰化和灼烧等过程。此方法是德国艾士卡于 1874 年制定的经典方法，其精度高、重现性好，适用于成批测定。

艾士卡重量法测定煤中硫，采用艾氏混合剂（碳酸钠和氧化镁以质量比 1∶2 的混合物）与煤样均匀混合，在高温下缓慢燃烧进行半熔，其目的是使各种形态的硫都转化成可

溶于水的硫酸钠和硫酸镁。对于它们的反应机理一般可做如下反应式解释

$$煤 \longrightarrow CO_2 \uparrow + H_2O + N_2 \uparrow + SO_2 \uparrow + SO_3 \uparrow \tag{4-36}$$

$$SO_2 + \frac{1}{2}O_2 + Na_2CO_3 \longrightarrow Na_2SO_4 + CO_2 \uparrow \tag{4-37}$$

$$SO_3 + Na_2CO_3 \longrightarrow Na_2SO_4 + CO_2 \uparrow \tag{4-38}$$

$$SO_2 + \frac{1}{2}O_2 + MgO \longrightarrow MgSO_4 \tag{4-39}$$

$$SO_3 + MgO \longrightarrow MgSO_4 \tag{4-40}$$

至于煤中难溶于水的硫酸钙等，在高温下同样可以与艾氏剂作用。硫酸钙与艾氏剂中的碳酸钠进行复分解反应

$$CaSO_4 + Na_2CO_3 \longrightarrow CaCO_3 + Na_2SO_4 \tag{4-41}$$

生成的碳酸钙是不溶于水的。因此，无论是煤中的可燃硫或不可燃硫在半熔过程中均能转化成能溶于水的硫酸钠。

经半熔后的熔块，用水抽提，硫酸钠溶于水。此时未作用完的碳酸钠也进入水中，并部分进行水解，因此水溶液呈碱性。

滤渣进行洗涤，洗液和滤液合并后，调节溶液酸度，使其呈酸性（pH 值约 1~2），其目的是驱除 CO_3^{2-}，因为它也会与 Ba^{2+} 在中性溶液中形成碳酸钡沉淀，影响全硫的测定。在此条件下加入氯化钡溶液，使可溶性硫酸盐全部转化为硫酸钡沉淀

$$MgSO_4 + Na_2SO_4 + 2BaCl_2 \longrightarrow 2BaSO_4 \downarrow + 2NaCl + MgCl_2 \tag{4-42}$$

最后，将沉淀洗涤、烘干、灰化、灼烧，即可称出硫酸钡质量，算出煤中全硫含量。

4.8.3　实验装置

（1）仪器和设备：

电子天平：感量 0.0001g；

马弗炉：附有热电偶高温计，能升温到 900℃，温度可调并可通风；

瓷坩埚：容量 30mL 和 20mL 的两种若干个；

烧杯（400mL）若干个，滴定管一个，搅拌棒两个，定性、定量试纸若干张，漏斗，蒸馏水，洗瓶等。

（2）试剂和材料：

艾氏剂：以两份质量的化学纯轻质氧化镁（GB/T 9857）与一份质量的化学纯无水碳酸钠（GB/T 639）混匀并研细至粒度小于 0.2mm 后，保存在密闭容器中；

盐酸溶液：（1+1），1 体积盐酸（GB/T 622）加 1 体积水混匀；

氯化钡溶液：100g/L，10g 氯化钡（GB/T 652）溶于 100mL 水中；

甲基橙溶液：2g/L，0.2g 甲基橙溶于 100mL 水中；

硫酸银溶液：10g/L，1g 硝酸银（GB/T 670）溶于 100mL 水中，加入几滴硝酸（GB/T 626），贮于深色瓶中。

4.8.4　实验方法与步骤

（1）称取粒度小于 0.2mm 的空气干燥煤样（1±0.01）g（全硫含量 5%~10% 时称取 0.5g，全硫含量大于 10% 时称取 0.25g，称准到 0.0002g）和艾氏剂 2g 于 30mL 坩埚内，

仔细混合均匀，再用 1g 艾氏剂覆盖在煤样上面（艾氏剂标准到 0.1g）。

（2）将装有煤样的坩埚移入通风良好的马弗炉中，必须在 1~2h 内将马弗炉温度从室温逐渐升到 800~850℃，并在该温度下保持 1~2h。

（3）将坩埚从马弗炉中取出，冷却至室温，再将坩埚中的灼烧物用玻璃棒仔细搅松捣碎（如发现未烧尽的黑色颗粒，应在 800~850℃ 下继续灼烧半小时）。然后把灼烧物放在 400mL 烧杯中，用热蒸馏水冲洗坩埚内壁，将冲洗液收入烧杯中，再加入 100~150mL 刚煮沸的蒸馏水充分搅拌。如果此时发现尚有未烧尽的黑色煤粒漂浮在液面上，则本次测定作废。

（4）将烧杯中的煮沸物用中速定性滤纸以倾泻法过滤，用热蒸馏水仔细冲洗，其次数不得少于 10 次，洗液总体积为 250~300mL。

（5）向滤液中滴入 2~3 滴甲基橙指示剂，然后加盐酸溶液至中性，再过量加入 2mL，使溶液呈微酸性。将溶液加热到微沸，用玻璃棒不断搅拌，并缓缓滴入 10% 氯化钡溶液 10mL，并在微沸状态下保持约 2h，溶液最终体积约为 200mL。

（6）溶液冷却（或静置过夜）后用致密无灰定量滤纸，并用热蒸馏水洗至无氯离子为止（用硝酸银溶液检验无浑浊）。

（7）将沉淀连同滤纸移入已知质量的 20mL 瓷坩埚中，先在低温下灰化滤纸，然后在温度为 800~850℃ 的马弗炉内灼烧 20~40min，取出坩埚在空气中稍加冷却后，再放入干燥器中冷却到室温（约 25~30min），称重。

（8）每配制一批艾氏剂或更换其他试剂时，应在相同条件下（仅用试剂而不加煤样）做空白试验；同时测定两个以上，硫酸钡沉淀的质量最高值与最低值相差不得大于 0.0010g，取算术平均值为空白值。

4.8.5 实验数据及处理

（1）记录及计算。测试结果按式（4-43）计算：

$$S_t = \frac{(G_1 - G_2) \times 0.1374}{G} \times 100 \tag{4-43}$$

式中 S_t——空气干燥煤样中全硫质量分数，%；

G_1——硫酸钡质量，g；

G_2——空白试验的硫酸钡质量，g；

0.1374——由硫酸钡换算为硫的系数；

G——空气干燥煤样质量，g。

（2）计算允许差（每次实验至少有两个数据，后取平均值）。

全硫测定的最大允许差不得超过表 4-11 的规定。

表 4-11 全硫测定的最大允许差

全硫质量分数 S_t/%	最大允许差/%	
	同一化验室	不同化验室
≤1.5	0.05	0.10
1.5~4	0.10	0.20
>4	0.20	0.30

制冷原理实验

5.1 制冷（热泵）循环演示实验

5.1.1 实验目的

（1）演示制冷（热泵）循环系统的工作原理，观察制冷工质的蒸发、冷凝过程和现象。

（2）熟悉制冷（热泵）循环系统的操作、调节方法。

（3）进行制冷（热泵）循环系统粗略的热力计算，包括制冷（制热）系数与热平衡误差。

5.1.2 实验原理

制冷（热泵）循环是一种逆向循环，其目的在于将低温物体（热源）的热量转移到高温物体（热源）中去。根据 Clausius 关于热力学第二定律的叙述，要实现热量由低温物体向高温物体的迁移，外界必须向系统提供机械能或者热能。

制冷循环与热泵循环从原理上讲是完全相同的，区别在于工程应用中侧重点不同。制冷循环的主要目的是从低温物体（热源）取走热量，以维持低温；而热泵循环的主要目的是不断向高温物体（热源）输送热量，以维持高温。因此工程实际中制冷机和热泵在设计和制造上有一定区别。

制冷（热泵）循环演示实验原理如图5-1～图5-3所示，循环系统由压缩机、换热器1、换热器2、节流阀、电磁换向阀、流量计、流量调节阀等组成。当系统作制冷（热泵）循环时，换热器1为蒸发器（冷凝器），换热器2为冷凝器（蒸发器）。

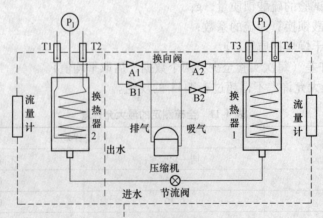

图 5-1 制冷（热泵）循环演示实验原理图

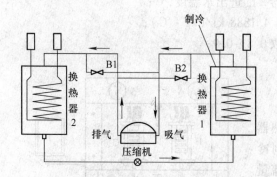

图 5-2 制冷循环工况原理图

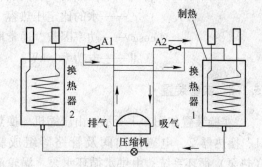

图 5-3 热泵循环工况原理图

制冷（热泵）循环系统的热力计算如下。

（1）当系统做制冷循环时：

换热器 1 的制冷量为

$$Q_1 = G_1 c_p (t_1 - t_2) \tag{5-1}$$

换热器 2 的换热量为

$$Q_2 = G_2 c_p (t_3 - t_4) \tag{5-2}$$

压缩机功率为

$$N = \cos\varphi W \tag{5-3}$$

热平衡误差为

$$\Delta_1 = \frac{Q_1 - (Q_2 - N)}{Q_1} \times 100\% \tag{5-4}$$

制冷系数为

$$\varepsilon_1 = \frac{Q_1}{N} \tag{5-5}$$

（2）当系统作热泵循环时：

换热器 1 的制热量为

$$Q_1' = G_1' c_p (t_2 - t_1) \tag{5-6}$$

换热器 2 的换冷量为

$$Q_2' = G_2' c_p (t_4 - t_3) \tag{5-7}$$

压缩机功率为

$$N = \cos\varphi W \tag{5-8}$$

热平衡误差为

$$\Delta_2 = \frac{Q_1' - (Q_2' + N)}{Q_1} \times 100\% \tag{5-9}$$

供热系数为

$$\varepsilon_2 = \frac{Q_1'}{N} \tag{5-10}$$

式中　G_1，G_1'，G_2，G_2'——换热器 1 和换热器 2 的水流量，kg/s；

t_1，t_2，t_3，t_4——换热器 1 和换热器 2 的进出水温度，℃；

c_p——水的比定压热容，4.1888 kJ/(kg·℃)；

$\cos\varphi$——功率因数，通常取 0.8 ~ 0.9；

W——电功率，kW。

5.1.3　实验装置

实验装置如图 5-4 所示，由压缩机、换热器 1、换热器 2、电磁换向阀及管路等组成制冷（热泵）循环系统；由供水循环水泵、涡轮流量计、储水箱及换热器内盘管等组成水换热系统；还设有温度、压力、电流、电压等测量仪表。制冷工质采用低压工质 R11。

实验装置采用玻璃作换热器的壳体，管路中有透明观察窗，可清晰地观察到制冷工质的蒸发、冷凝过程及之后产生的"闪发"气体面形成的二相流，以了解蒸汽压缩式制冷循环工质状态的变化及循环全过程的基本特征。

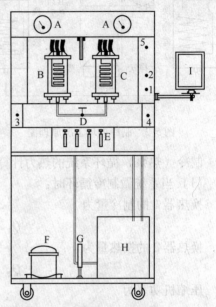

图 5-4　制冷（热泵）循环演示实验装置图
1—电源开关；2—水泵开关；3—冷凝（蒸发）
器水流量调节；4—蒸发（冷凝）器水流量
调节；5—照明开关；
A—压力表；B—换热器 2；C—换热器 1；
D—针形节流阀；E—电磁换向阀；F—压缩机；
G—水泵；H—储水箱；I—显示屏

5.1.4　实验方法与步骤

（1）制冷循环演示：

1）将换向阀调至 A1、A2 全开，B1、B2 全关位置，进入制冷循环演示状态。

2）打开连接演示装置的供水阀门，利用流量计阀门适当调节蒸发器、冷凝器水流量。

3）开启压缩机，并调节针形节流阀直至稳态运行（约 8min），观察工质的冷凝、蒸发过程及现象。

4）待系统运行稳定后，即可记录压缩机输入电功率，冷凝器和蒸发器的进水温度、出水温度、水流量等参数。

5）待做完（制冷循环演示）后，关闭压缩机开关，略停 5min 后，然后再进行（热泵循环演示）。

（2）热泵循环演示：

1）将换向阀调至 B1、B2 全开，A1、A2 全关位置，进入热泵循环演示状态。

2）类似上述 2）、3）、4）步骤进行操作并记录。

3）实验结束后，必须先关闭压缩机开关，过几分钟后后再关闭供水阀门。

5.1.5　实验数据及处理

实验装置名称：_____；实验台号：_____；室温 $t_0 =$_____℃。

将实验数据记入表 5-1、表 5-2。

表 5-1　制冷循环工况实验记录及计算表

实验次序	G_1 /kg·s^{-1}	G_2 /kg·s^{-1}	t_1/℃	t_2/℃	t_3/℃	t_4/℃	W/kW	Q_1/kW	Q_2/kW	N/kW	Δ_1/%	ε_1
1												
2												
3												
4												

表 5-2　热泵循环工况实验记录及计算表

实验次序	G_1' /kg·s^{-1}	G_2' /kg·s^{-1}	t_1/℃	t_2/℃	t_3/℃	t_4/℃	W/kW	Q_1'/kW	Q_2'/kW	N/kW	Δ_2/%	ε_2
1												
2												
3												
4												

5.1.6　实验分析与讨论

（1）分析实验的结果，指出影响各系数测定精度的因素。
（2）指出本系统运行参数的调节手段。

5.2　制冷压缩机性能测试实验

5.2.1　实验目的

（1）了解测定全封闭式制冷压缩机主要性能指标（压缩机的制冷量、输入功率和制冷系数 COP）的相关标准（GB/T 5773—2004 容积式制冷压缩机性能试验方法）。
（2）掌握测定全封闭式制冷压缩机主要性能指标的一种实验方法——冷凝器热平衡法，增强对制冷压缩机的认识。
（3）通过本实验，了解制冷压缩机在运行过程中各种工况条件的变化对压缩机的制冷量、输入功率和 COP 带来的影响。

5.2.2　实验原理

制冷压缩机的制冷量、输入功率、COP 等性能随蒸发温度和冷凝温度的变化而变化，因此需要在国家标准规定的工况下进行制冷压缩机的性能测试。
对于单级蒸气压缩式制冷机来说，其循环 $\lg p - h$ 图如图 5-5 所示。
在特定工况下，蒸发温度 t_0、冷凝温度 t_k、吸气温度 t_1 及过冷度 Δt_{sc}（$=t_3-t_4$）都等于规定值。这样，压缩机的单位质量制冷量可用式（5-11）计算

$$q_0 = h_1 - h_5 \tag{5-11}$$

式中　h——制冷剂的比焓，kJ/kg；下标对应图 5-5 中节点状态。

压缩机的制冷量等于单位制冷量与压缩机制冷剂质量流量 G_m 的乘积，即

$$Q_0 = G_m q_0 \qquad (5-12)$$

式中　Q_0——压缩机的制冷量，kW；

G_m——制冷剂质量流量，kg/s；

q_0——单位制冷量，kJ/kg。

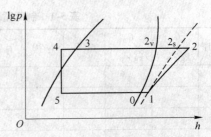

图 5-5　理论制冷循环 $\lg p - h$ 图

1—压缩机吸气状态；2—压缩机排气状态；

1—2—实际压缩过程；1—2$_s$—对应的理想等熵压缩过程；

2—4—制冷剂蒸气在冷凝器中的冷却过程；

3—4—制冷剂液体过冷过程；4—5—制冷剂液体的

节流过程，节流后闪发出蒸气，变成低温气液混合物，

节流前后制冷剂焓值相等；5—1—液态制冷剂在蒸发器

中吸热蒸发过程；0—1—蒸气过热过程

因此，本实验之关键是要确定特定工况下压缩机制冷剂质量流量。根据制冷剂质量守恒，在稳定运转条件下，压缩机制冷剂流量与冷凝器和蒸发器中制冷剂流量相等，为此，本实验采用主测冷凝器制冷剂流量和以蒸发器制冷剂流量作为验证的方法。若两者偏差在 ±4% 以内，则以主测冷凝器制冷剂流量计算压缩机性能指标。

开启式压缩机输入功率为压缩机输入轴的轴功率，封闭式（包括半封闭式和全封闭式）压缩机采用电动机输入功率，本次实验采用的是全封闭压缩机，其功率输入为

$$N = W\cos\varphi \qquad (5-13)$$

式中　W——电功率，kW；

$\cos\varphi$——功率因素。

压缩机的综合性能用制冷系数（COP）来衡量

$$COP = \frac{Q_0}{N} \qquad (5-14)$$

（1）主测制冷剂流量的计算。在实验装置稳定运转且冷凝器漏热损失足够小的情况下，冷凝器制冷剂流量用式（5-15）计算

$$G_{m1} = \frac{Q_c}{h_2 - h_4} \qquad (5-15)$$

式中　Q_c——冷凝器散热量，单位为 kW，等于冷却水侧吸热量，即

$$Q_c = c_{p1} V_1 \rho_1 (t_8 - t_7) \qquad (5-16)$$

c_{p1}——冷凝器冷却水比定压热容，kJ/（kg·℃）；

V_1——由涡轮流量计 J 测得的冷却水流量，m³/s；

ρ_1——冷却水密度，kg/m³；

t_7——冷却水进口温度，℃；

t_8——冷却水出口温度，℃；

h_2，h_4——测试工况排气焓与过冷焓，kJ/kg。

水比定压热容 c_{p1} 和密度 ρ_1 与冷却水进出口温度 t_7、t_8 的平均温度 t 有关，可用式（5-17）计算

$$c_p = 4206 - 1.30591t - 0.01378982t^2 \qquad (5-17)$$

$$\rho = 1000.83 - 0.08388376t - 0.003727955t^2 + 0.000003664106t^3 \qquad (5-18)$$

实验的压缩机进口制冷剂状态与规定工况存在差异，导致两者比体积不相等，为此按

式（5-19）对流量进行修正

$$G'_{m1} = G_{m1} \frac{v_1}{v'_1} \tag{5-19}$$

式中　v_1——测试工况下的压缩机吸气口制冷剂比体积，m^3/kg；

　　　v'_1——规定工况下的压缩机吸气口制冷剂比体积，m^3/kg。

（2）辅测制冷量的计算

与主测冷凝器制冷剂流量类似，蒸发器"跑冷"损失很小时，蒸发器制冷剂流量为

$$G_{m2} = \frac{Q_e}{h_1 - h_5} \tag{5-20}$$

式中　Q_e——蒸发器吸热量，可由冷水侧放热量来计算，即

$$Q_e = c_{p2} V_2 \rho_2 (t_9 - t_{10}) \tag{5-21}$$

　　　c_{p2}——蒸发器载冷剂比定压热容，$kJ/(kg \cdot \text{℃})$；

　　　V_2——由涡轮流量计 M 测得的载冷剂流量，m^3/s；

　　　ρ_2——载冷剂密度，kg/m^3；

　　　t_9——蒸发器载冷剂进口温度，℃；

　　　t_{10}——蒸发器载冷剂出口温度，℃；

　　　h_1，h_5——测试工况下吸气焓与节流焓，kJ/kg。

考虑实验的吸气比体积与规定工况对应值存在差异，采用式（5-22）对压缩机制冷剂流量进行修正，即

$$G'_{m2} = G_{m2} \frac{v_1}{v'_1} \tag{5-22}$$

（3）热平衡误差由式（5-23）计算，本实验要求该相对误差小于5%。

$$\Delta = \frac{Q_c - Q_e - N}{Q_c} \tag{5-23}$$

5.2.3　实验装置

制冷压缩机实验装置主实验为水冷冷凝器中的换热实验，辅助校核实验为蒸发器换热校核实验。实验装置工作原理和结构简图如图5-6所示。实验装置由压缩机、冷凝器、蒸发器、手动节流阀、流量控制阀等电参数仪等设备组成。

压缩机使用 R22 作为制冷剂，充灌量约 1kg。水在 R22 中的溶解度很小，而且随着温度的降低，溶解度降低。当 R22 中溶解有水时，对金属有腐蚀作用，并且在低温时会发生"冰塞"现象。R22 能部分地与矿物油溶解，其溶解度与润滑油的种类和温度有关，温度高时，溶解度大；温度低时，溶解度小。当温度降至某一临界温度以下时，便开始分层，上层主要是油，下层主要是 R22。R22 不燃烧、不爆炸、毒性很小。R22 的渗透能力很强，并且泄漏难以被发现，R22 的检漏方法常用卤素喷灯，当喷灯火焰呈蓝绿色时，则表明有泄漏；当要求较高时，可用电子检漏仪。R22 热力学性质见表5-3。

表 5-3　R22 基本热力学性质表

制冷剂	分子式	相对分子量	标准沸点/℃	凝固温度/℃	临界温度/℃	临界压力/MPa
R22	CHClF2	86.47	-40.8	-160	96.2	4.99

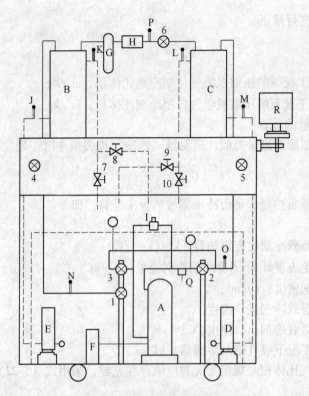

图 5-6 制冷压缩机实验装置工作原理和结构

A—压缩机；B—冷凝器；C—蒸发器；D—蒸发器水泵；E—冷凝器水泵；F—压缩机电源；G—储液罐；

H—干燥过滤器；I—卸载电磁阀；J—冷凝器进口温度计（涡轮流量计）；K—冷凝器出口温度计；

L—蒸发器出口温度计；M—蒸发器进口温度计（涡轮流量计）；N—排气温度计；

O—吸气温度计；P—过冷温度计；Q—加液阀；R—显示屏；

1—排气阀；2—吸气阀；3—手动卸载阀；4—流量调节阀（冷凝器）；5—流量调节阀（蒸发器）；

6—节流阀；7，8—冷凝器排水阀；9，10—蒸发器排水阀

　　吸气温度由吸气温度计 O 检测蒸发器冷媒出口温度，吸气压力由吸气阀 2 控制，排气温度由排气温度计 N 检测冷凝器冷媒进口温度，排气压力由排气阀 1 控制。

　　蒸发器采用冷媒水加热液态制冷剂，其换热量由冷媒水进出口温度和流量测出，冷凝采用冷却水对制冷剂蒸汽进行冷却，其换热量由冷却水进出口温度及流量测得。利用冷凝器和蒸发器换热量可以得到压缩机规定工况下制冷剂质量流量，进而计算其制冷性能，本实验以前者为主，后者进行校核。压缩机的输入功率由电参数仪测得。

　　冷凝器和蒸发器均配有水泵，分别使冷却水和冷媒水循环流动，冷却水和冷媒水流量分别通过涡轮流量计 J、M 检测实际流量，其进出口温度分别通过温度计 J、K、L、M 检测。

　　实验装置布置了若干压力、温度和流量测量点，用来测量制冷剂压力、温度和载冷剂温度、流量，以及压缩机电压、电流等参数，测量信号传输给显示屏一起显示。

5.2.4 实验方法与步骤

（1）实验方法：

1）为了评定和比较制冷压缩机的性能，我国规定了新系列活塞式制冷压缩机的标准工

况和空调工况，作为计算制冷压缩机制冷量的统一工作温度条件。对于使用 R22 作为制冷剂的制冷压缩机，各种工况的规定见表 5-4，本实验主要测量压缩机在空调工况下的性能。

表 5-4 实验工况种类

工 况	蒸发温度/℃	吸气温度/℃	冷凝温度/℃	再冷温度/℃
标准工况	−15	+15	+30	+25
空调工况	+5	+15	+40	+35
最大功率工况	+10	+15	+50	+50
最大压差工况	−30	±0	+50	+50

2）忽略管路阻力损失，蒸发温度和冷凝温度分别等于压缩机吸气和排气压力对应的饱和温度，因此，转动阀 2 和阀 1，并配合节流阀 6，分别调节压缩机吸气和排气压力，就能改变压缩机的实验工况。压缩机吸气温度由温度计 O 来检测。

（2）实验准备：

1）启动电源。

2）水箱灌满水，蒸发器水箱储水温度不宜太低。

3）全开阀 1、2、3、4、5、6、7（8）、10（9）。

4）关闭阀 3。

5）启动水泵。

6）打开压缩机，待排气、吸气压力平衡后，卸载电磁阀 I 将自动关闭。

（3）实验操作：

1）开大（关小）阀 6，可以使蒸发压力提高（降低），随之吸气温度将稍有提高（降低）。节流阀调节顺时针转为减少，反方向为增大，与此相关的吸气压力有所反映。

2）改变载冷剂温度，即不仅与水流量和蒸发压力有关还与水初温有关。

3）冷凝压力调节（冷凝压力亦可从排气压力表上近似地反映出来）。

4）待工况稳定后，测定蒸发压力、冷凝压力、吸气温度、排气温度、过冷温度、蒸发器和冷凝器进出水温度及流量、压缩机工作电压、电流、功率等参数。

5）待三次记录数据均在稳定工况要求范围内，计算冷凝器和蒸发器制冷剂流量、热平衡误差，如在许可范围内，该工况测试即告结束。

6）按需改变工况，重复上述实验。

7）实验结束后，先关闭压缩机，等 5min 后，关闭水泵，最后关闭总电源。

5.2.5　实验数据及处理

实验装置名称：_____；实验台号：_____；室温：_____℃。

将实验数据记入表 5-5 ~ 表 5-7。

表 5-5　制冷压缩机的输入功率测定表

实验次序	$\cos\varphi$	W/kW	N/kW
1			
2			
3			
4			
平均			

表 5-6　制冷压缩机主测制冷量实验记录及计算表

序号	$V_1/\mathrm{m^3}$ $\cdot\mathrm{s^{-1}}$	t_7 /℃	t_8 /℃	Q_c /kW	h_2/kJ $\cdot\mathrm{kg^{-1}}$	h_4/kJ $\cdot\mathrm{kg^{-1}}$	$v_1/\mathrm{m^3}$ $\cdot\mathrm{kg^{-1}}$	$v_1'/\mathrm{m^3}$ $\cdot\mathrm{kg^{-1}}$	G_{m1}/kg $\cdot\mathrm{s^{-1}}$	G_{m1}'/kg $\cdot\mathrm{s^{-1}}$	h_1'/kJ $\cdot\mathrm{kg^{-1}}$	h_5'/kJ $\cdot\mathrm{kg^{-1}}$	q_0/kJ $\cdot\mathrm{kg^{-1}}$	Q_1 /kW
1														
2														
3														
4														
平均														

表 5-7　制冷压缩机辅测制冷量实验记录及计算表

序号	$V_2/\mathrm{m^3}$ $\cdot\mathrm{s^{-1}}$	t_9/℃	t_{10}/℃	Q_e/kW	h_1/kJ $\cdot\mathrm{kg^{-1}}$	h_5/kJ $\cdot\mathrm{kg^{-1}}$	$v_1/\mathrm{m^3}$ $\cdot\mathrm{kg^{-1}}$	$v_1'/\mathrm{m^3}$ $\cdot\mathrm{kg^{-1}}$	G_{m2}/kg $\cdot\mathrm{s^{-1}}$	G_{m2}'/kg $\cdot\mathrm{s^{-1}}$	h_1'/kJ $\cdot\mathrm{kg^{-1}}$	h_5'/kJ $\cdot\mathrm{kg^{-1}}$	q_0/kJ $\cdot\mathrm{kg^{-1}}$	Q_2 /kW
1														
2														
3														
4														
平均														

5.2.6　实验分析与讨论

简要分析影响压缩机性能参数的因素有哪些。

5.2.7　注意事项

（1）保持水质清洁，防止杂物进入水泵和涡轮流量计内。

（2）液晶显示器防止阳光直照。

（3）寒冷条件下实验完成后要把水箱里的水放尽。

（4）故障及消除方法见表 5-8。

表 5-8　故障与消除方法

故障内容	可能因素	消除方法
黑屏	（1）无电源； （2）环境温度过低； （3）太阳光直照	（1）插好电源； （2）开机后约等15min； （3）更换液晶屏
显示器死机	数据线没插好	插好显示器跟主机连接数据线
无流量值显示	（1）流量调节阀关闭； （2）管道堵塞	（1）打开流量调节阀； （2）清除管道堵塞物
蒸发压力调不上去或制冷下降		适当补充制冷剂

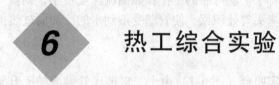

第2篇

综 合 实 验

6 热工综合实验

6.1 工业锅炉多管水循环实验

6.1.1 实验目的

（1）观察在自然条件下，平行管汽液双相的流动结构。

（2）掌握自然循环故障：停滞与倒流的现象。

6.1.2 实验原理

自然循环锅炉中的循环动力，是靠上升管与下降管之间的压力差来维持的。它是由锅筒（汽包）、下集箱、下降管和上升管组成。上升管由于受热，工质随温度升高而密度变小；或在一定的受热强度及时间下，上升管会产生部分蒸汽，形成气水混合物，从而使上升管工质密度大大降低。这样，不受热的下降管工质密度与上升管工质密度存在一个差值，依靠这个密度差产生的压差，上升管的工质向上流动，下降管的工质向下流动进行补足，便形成循环回路。只要上升管的受热足以产生密度差，循环便不停止。

循环回路是否正常，将影响锅炉的正常运行。如果是单循环回路（只有一根上升管和下降管），由上升管上升至汽包的工质将由下降管中完全得到补充，可使上升管得到足够的冷却，因而循环是正常的。但锅炉的水冷壁并非由简单的回路各自独立组成，而是由上升管并排组成受热管组，享有共同的汽包、下降管、下集箱。这样组成的自然循环比单循环具有更大的复杂性，各平行管之间的循环相互影响，在各管受热不均匀的情况下，一些管子将出现停滞、倒流现象。

（1）循环停滞：当并列的上升管受热不均时，管中的汽水混合物的密度不等，受热弱的上升管产生的运动压头就比受热强的上升管要小。当受热管的运动压头小到不能保证上升管中的工质以最低的允许速度做稳定的流动时便会处于停止不动的状态，这种现象就叫做循环停滞。当发生循环停滞时，传热情况将大大恶化，在管子弯头等部位容易产生气泡的积累使管壁得不到足够的水膜来冷却，而导致高温破坏。如果上升管是直接引入汽包的蒸汽空间，则在受热弱的上升管的上部将形成不动的自由水面，这样管壁温度将会急剧增高而使管壁过热。

（2）循环倒流：当受热弱的上升管循环流速等于负值时，上升管将发生流向颠倒，使上升管变为下降管，称为循环倒流。发生循环倒流时，假如气水混合物沿着整个管子平均地向下流动，暂时不会发生事故。但是，在受热管子中不断产生的一部分气泡由于浮力的作用总是力图上升的，所以气泡的运动方向就与水的流动方向相反，而当气泡上升的运动速度与水向下的运动速度相等时，便会发生气泡的停滞，产生所谓的"气塞"现象，这时，发生"气塞"的管段就会因得不到有效的冷却而很快地过热烧坏。原来工质向上流的上升管，变成了工质自上而下流动的下降管。如倒流速度足够大，也就是水量较多，则有足够的水来冷却管壁，管子仍能可靠的工作；如倒流速度很小，则蒸气泡受浮力作用可能处于停滞状态，容易在弯头等处积累，使管壁受不到水的冷却而过热损坏。

6.1.3 实验装置

工业锅炉多管循环实验台（图6-1）由十二根玻璃管做成的上升管、六根玻璃管做成的下降管、两个上锅筒和两个下集箱组成。系统安装在支架上，每根上升管都缠绕有额定功率为500W的电加热丝，每两根加热管共一个开关。上升管的加热可以用加热开关控制通、断，可调节各上升管的加热程度或停止加热，从而可以演示出上升管和下降管中正常自然水循环系统中的水汽流态、泡状、弹状和柱状气泡的出现，也可以演示自然水循环中的常见的故障：停滞和倒流。

演示时，可以通过交流电流表测定加热电路中的电流大小，因而电压可认为基本恒定，通过参数可计算出加热电功率。

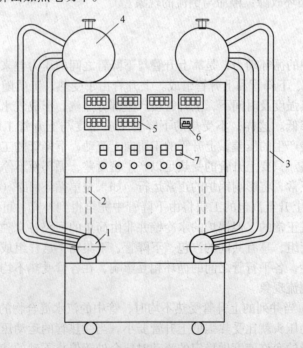

图6-1 工业锅炉多管循环实验台

1—下集箱；2—下降管；3—上升管；4—锅筒（汽包）；5—电流表；6—电源开关；7—加热开关

6.1.4　实验方法与步骤

（1）使用前，首先加水至上锅筒的水位线处。

（2）将六组调压旋钮调至零位，检查电路和仪表无异常情况后，开启总电源开关，再将各加热开关接通。

（3）将六组调节旋钮调至电流表所指示最大值，加热至系统进入沸腾状态，此时可以从上升管和下降管中观察到正常的自然水循环状态，所有的上升管中的水向上流动，而下降管中的水则向下流动。在沸腾剧烈时，可以看到管中产生泡状、弹状、柱状气泡的汽-液两相混合流动状态。

（4）为了能够在热水循环系统中演示常见的停滞和倒流的故障现象，选择任一调节加热电路，断开其中两根上升管的加热开关。

（5）实验结束后，将所有旋钮调至零位，并断开总电源。

6.1.5　实验数据及处理

实验装置名称：_____；实验台号：_____。

将实验数据记入表6-1、表6-2。

表6-1　锅炉自然水循环基本原理和汽水流动状态

状态	电压/V	电流/A	加热时间τ

表6-2　自然水循环常见故障

管列	电压/V	电流/A	加热时间τ	现象
上升管1				
上升管2				
上升管3				
上升管4				
上升管5				
上升管6				

6.2　锅炉热工性能综合实验

锅炉热工性能综合实验是能源与动力工程专业领域一项重要的实验。通过热工性能实验，测试锅炉在稳定工况下的运行效率，可以判断锅炉燃料利用程度与热量损失情况。在新锅炉安装结束后的移交验收鉴定试验、锅炉使用单位对新投产锅炉按设计负荷试运转结束后的运行试验、改造后的锅炉进行热工技术性能鉴定试验、大修后的锅炉进行检修质量鉴定和校正设备运行特性的试验以及运行锅炉由于燃料种类变化等原因进行的燃烧调整试验中，都必须进行热工性能实验。根据测试的锅炉热效率、各项热损失及其热工参数，对锅炉的运行状况进行评价，分析影响锅炉热效率的各种因素，可为改进锅炉的运行操作，实施节能技改项目提供技术依据，并实现节能降耗的目的。

6.2.1　实验目的

（1）掌握锅炉给水温度、压力、流量、排烟温度、灰渣质量、灰渣中可燃物含量、烟气成分等的测量方法，通过分析误差原因，学习减小误差的方法。

（2）掌握锅炉正反平衡实验的方法和步骤。

（3）测定锅炉热效率及各种热损失。

（4）加深对锅炉燃烧的理解，对锅炉热量的利用、损失有一个更为清晰的认识，增强对锅炉的感性认识，促进理论联系实际，培养分析和解决问题的能力。

6.2.2　实验原理

6.2.2.1　锅炉热平衡

从能量平衡的观点来看，在稳定工况下，输入锅炉的热量应与输出锅炉的热量相平衡，锅炉的这种热量收支平衡关系，就叫锅炉热平衡。输入锅炉的热量是指伴随燃料送入锅炉的热量；锅炉输出的热量可以分为两部分，一部分为有效利用热量，另一部分为各项热损失。锅炉热平衡原理如图 6-2 所示。

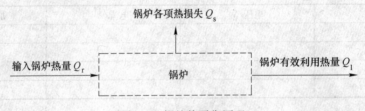

图 6-2　锅炉热平衡原理

锅炉的工作是将燃料释放的热量最大限度地传递给汽水工质，剩余的没有被利用的热量以各种不同的方式损失掉。在稳定工况下，其热量进出必平衡，并可表示为

$$Q_r = Q_1 + Q_s \tag{6-1}$$

锅炉热平衡是按 1kg 燃料（对气体燃料则是 1m³❶）为基准表示（Q_r，kJ/kg 或 kJ/m³），或以输入热量为基准的百分数（q，%）表示。

锅炉的热损失 Q_s 包括如下几项：

（1）排烟热损失 Q_2（kJ/kg 或 kJ/m³）或 q_2（%）。

（2）化学未完全燃烧热损失 Q_3（kJ/kg 或 kJ/m³）或 q_3（%）。

（3）机械未完全燃烧热损失 Q_4（kJ/kg 或 kJ/m³）或 q_4（%）。

（4）散热损失 Q_5（kJ/kg 或 kJ/m³）或 q_5（%）。

（5）灰渣物理热损失 Q_6（kJ/kg 或 kJ/m³）或 q_6（%）。

则式（6-1）变为

$$Q_r = Q_1 + Q_2 + Q_3 + Q_4 + Q_5 + Q_6 \tag{6-2}$$

❶　本实验中气体（燃气、烟气）单位符号"m³"，除有特殊说明外，均指标准状态下的立方米。

或

$$100 = q_1 + q_2 + q_3 + q_4 + q_5 + q_6 \qquad (6-3)$$

6.2.2.2 锅炉热效率

锅炉热效率为锅炉有效利用热量 Q_1 占输入热量 Q_r 的百分数，用 η_1 表示。它可由输入-输出热量法（正平衡法）或热损失法（反平衡法）测定，实验必须在锅炉稳定工况下进行。

（1）正平衡法

$$\eta_1 = q_1 = \frac{Q_1}{Q_r} \times 100\% \qquad (6-4)$$

1）输入锅炉热量

$$Q_r = Q_d + Q_k + Q_w + Q_z \qquad (6-5)$$

式中　Q_d——燃料的收到基低位发热量，kJ/kg 或 kJ/m³；

　　　Q_k——燃料的物理热，kJ/kg 或 kJ/m³；

　　　Q_w——用锅炉以外的热量加热燃料或空气时，带入锅炉的热量，kJ/kg 或 kJ/m³，根据实测确定；

　　　Q_z——自用蒸汽带入炉内的热量，kJ/kg 或 kJ/m³，根据实测确定。

燃料的物理热

$$Q_k = c_r(t_r - t_0) \qquad (6-6)$$

式中　t_r——燃料的温度，℃；

　　　t_0——实验温度，℃；

　　　c_r——燃料的比热容，kJ/(kg·K)。

2）锅炉有效利用热量

$$Q_1 = \frac{Q_{gl}}{B} \qquad (6-7)$$

式中　Q_{gl}——锅炉有效吸热量，kJ/h；

　　　B——每小时燃料消耗量，kg/h 或 m³/h。

①蒸汽锅炉每小时有效吸热量

$$Q_{gl} = D(h_q - h_{gs}) \times 10^3 + D_{ps}(h_{ps} - h_{gs}) \times 10^3 \qquad (6-8)$$

式中　D——锅炉蒸发量，t/h；

　　　D_{ps}——锅炉排污水量，t/h；

　　　h_q——蒸汽焓，kJ/kg；

　　　h_{gs}——锅炉给水焓，kJ/kg；

　　　h_{ps}——排污水焓，即锅炉压力下的饱和水焓，kJ/kg。

由于供热锅炉都是定期排污，为简化测试工作，在热平衡测试期间，可不进行排污。

②热水锅炉每小时有效吸热量

$$Q_{gl} = G(h_2 - h_1) \times 10^3 \qquad (6-9)$$

式中　G——热水锅炉加热水量，t/h；

　　h_1，h_2——热水锅炉进水和出水焓，其可由测定锅炉的进出水温度 t_1、t_2 后查特性表得出，kJ/kg。

（2）反平衡法。正平衡法只能求得锅炉的热效率，而反平衡法可通过测定锅炉的各项热损失，间接求出热效率，并借以分析影响锅炉热效率的因素。

$$\eta_1 = q_1 = 100 - q_2 - q_3 - q_4 - q_5 - q_6 \tag{6-10}$$

1）机械未完全燃烧热损失 q_4

$$Q_4 = Q_4^{fh} + Q_4^{hz} + Q_4^{lm} + Q_4^{yh} \tag{6-11}$$

式中　Q_4^{fh}——排烟携带飞灰中未燃尽的碳颗粒造成的机械未完全燃烧热损失，kJ/kg；

Q_4^{hz}——锅炉排除灰渣中未燃尽的碳颗粒造成的机械未完全燃烧热损失，kJ/kg；

Q_4^{lm}——漏煤造成的机械未完全燃烧热损失，kJ/kg；

Q_4^{yh}——烟道灰中未燃尽的碳颗粒造成的机械未完全燃烧热损失，kJ/kg。

$$Q_4^{fh} = 328.664 A^y a_{fh} \frac{C_{fh}}{100 - C_{fh}} \tag{6-12}$$

$$Q_4^{hz} = 328.664 A^y a_{hz} \frac{C_{hz}}{100 - C_{hz}} \tag{6-13}$$

$$Q_4^{lm} = 328.664 A^y a_{lm} \frac{C_{lm}}{100 - C_{lm}} \tag{6-14}$$

$$Q_4^{yh} = 328.664 A^y a_{yh} \frac{C_{yh}}{100 - C_{yh}} \tag{6-15}$$

$$a_{fh} = \frac{G_{fh}(100 - C_{fh})}{BA^y} \times 100 \tag{6-16}$$

$$a_{hz} = \frac{G_{hz}(100 - C_{hz})}{BA^y} \times 100 \tag{6-17}$$

$$a_{lm} = \frac{G_{lm}(100 - C_{lm})}{BA^y} \times 100 \tag{6-18}$$

$$a_{yh} = \frac{G_{yh}(100 - C_{yh})}{BA^y} \times 100 \tag{6-19}$$

式中　G_{fh}，G_{hz}，G_{lm}，G_{yh}——飞灰、灰渣、漏煤、烟道灰质量，kg；

a_{fh}，a_{hz}，a_{lm}，a_{yh}——飞灰、灰渣、漏煤、烟道灰含灰量占入炉煤总灰量的质量百分数，$a_{fh} + a_{hz} + a_{lm} + a_{yh} = 100$；

C_{fh}，C_{hz}，C_{lm}，C_{yh}——飞灰、灰渣、漏煤、烟道灰中可燃物含量。

所以

$$q_4 = \frac{328.664 A^y}{Q_r} \left(\frac{a_{fh} C_{fh}}{100 - C_{fh}} + \frac{a_{hz} C_{hz}}{100 - C_{hz}} + \frac{a_{lm} C_{lm}}{100 - C_{lm}} + \frac{a_{yh} C_{yh}}{100 - C_{yh}} \right) \tag{6-20}$$

2）化学未完全燃烧热损失 q_3。当锅炉运行调整不当、风量不足、燃烧器结构设计不合理时，将引起燃气不能完全燃烧而在烟气中存在 CO、H_2、CH_4 等可燃气体，这部分可燃气的热能随烟气排走，形成化学不完全燃烧热损失 q_3。

$$q_3 = \frac{V_{py}}{Q_r} [126.4 CO + 108 H_2 + 358.2 CH_4] \left(1 - \frac{q_4}{100} \right) \tag{6-21}$$

式中　V_{py}——排烟处干烟气流量，m³/m³或 m³/kg；

CO，H_2，CH_4——分别为排烟处 CO、H_2、CH_4 占干烟气体积的体积百分数，其值可由烟气分析测得，一般烟气中 H_2 和 CH_4 很少，可忽略不计。

3）排烟热损失 q_2

$$q_2 = \frac{h_{py} - \alpha_{py} h_{lk}}{Q_r}\left(1 - \frac{q_4}{100}\right) \tag{6-22}$$

$$h_{py} = V_{RO_2}(Ct)_{RO_2} + V_{CO}(Ct)_{CO} + V_{N_2}(Ct)_{N_2} + V_{O_2}(Ct)_{O_2} + V_{H_2O}(Ct)_{H_2O} \tag{6-23}$$

$$\alpha_{py} = \frac{1}{1 - 3.76\dfrac{O_2 - 0.5CO}{100 - (RO_2 + O_2 + CO)}} \tag{6-24}$$

$$h_{lk} = V_k^0(Ct)_{lk} \tag{6-25}$$

对气体燃料

$$V_k^0 = 0.04667[0.5CO + 0.5H_2 + \sum(n + 0.25m)C_nH_m + 1.5H_2S - O_2] \tag{6-26}$$

对液体燃料

$$V_k^0 = 0.0889C + 0.2667H + 0.0333S - 0.0333O \tag{6-27}$$

式中，h_{py} 为在排烟温度 t_{py} 下，烟气的排烟焓，kJ/kg 或 kJ/m^3；h_{lk} 为入炉空气温度 t_{lk} 下的冷空气焓，kJ/kg 或 kJ/m^3；α_{py} 为排烟处的过剩空气系数，由烟气分析测得或按式（6-24）计算求得；RO_2，CO，N_2，O_2，H_2O 分别为排烟处三原子气体，一氧化碳、氮气、氧气及水蒸气的体积百分数，其值可由烟气分析测得，%；V_{RO_2}，V_{CO}，V_{N_2}，V_{O_2}，V_{H_2O} 分别为排烟中三原子气体、一氧化碳、氮气、氧气及水蒸气的体积，其值可用烟气流量乘体积百分数计算得到，m^3/kg 或 m^3/m^3；$(Ct)_{RO_2}$，$(Ct)_{CO}$，$(Ct)_{N_2}$，$(Ct)_{O_2}$，$(Ct)_{H_2O}$ 分别为三原子气体、一氧化碳、氮气、氧气及水蒸气在排烟温度 t_{py} 下的焓，各值均可查表6-3，kJ/m^3；$(Ct)_{lk}$ 为空气焓，可查表6-3，kJ/m^3；V_k^0 为理论空气量，按式（6-26）或式（6-27）计算求得，m^3/kg 或 m^3/m^3。

表6-3　几种气体、空气及灰的焓

序号	温度/℃	CO$_2$焓 /kJ·m^{-3}	N$_2$焓 /kJ·m^{-3}	O$_2$焓 /kJ·m^{-3}	水蒸气焓 /kJ·m^{-3}	空气焓 /kJ·m^{-3}	灰焓 /kJ·kg^{-1}
1	100	170	130	132	151	132	81
2	200	357	260	267	304	266	169
3	300	559	392	407	463	403	264
4	400	772	527	551	626	542	360
5	500	994	664	699	795	684	458
6	600	1225	804	850	969	830	560
7	700	1462	948	1004	1149	978	662
8	800	1705	1094	1160	1334	1129	767
9	900	1952	1242	1318	1526	1282	875
10	1000	2204	1392	1478	1723	1437	984
11	1100	2548	1544	1638	1925	1595	1097
12	1200	2717	1697	1801	2132	1753	1206
13	1300	2977	1853	1964	2344	1914	1361
14	1400	3239	2009	2128	2559	2076	1583
15	1500	3503	2166	2294	2779	2239	1758

续表 6-3

序号	温度/℃	CO_2焓 /kJ·m^{-3}	N_2焓 /kJ·m^{-3}	O_2焓 /kJ·m^{-3}	水蒸气焓 /kJ·m^{-3}	空气焓 /kJ·m^{-3}	灰焓 /kJ·kg^{-1}
16	1600	3769	2325	2460	3002	2403	1876
17	1700	4036	2484	2629	3229	2567	2064
18	1800	4305	2644	2797	3458	2731	2186
19	1900	4574	2804	2967	3690	2899	2386
20	2000	4844	2965	3138	3926	3066	2512
21	2100	5115	3217	3309	4163	3234	
22	2200	5387	3289	3483	4402	3402	

4）散热损失 q_5。在额定负荷下，设备散热损失 q_5可查图 6-3。

当锅炉实际蒸发量与额定蒸发量相差超过 25% 时，实际散热损失由式（6-28）计算：

$$q'_5 = q_5 \frac{D}{D'} \tag{6-28}$$

式中　D，D'——锅炉额定、实际蒸发量，t/h。

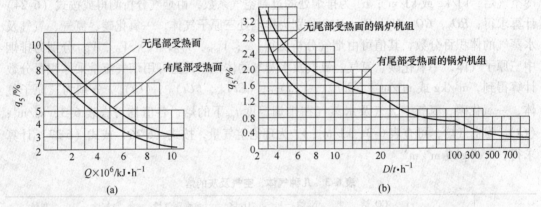

图 6-3　锅炉散热损失

（a）热水锅炉；（b）蒸汽锅炉

5）灰渣物理热损失 q_6

$$q_6 = \frac{A_{ar}}{Q_r}\left(\frac{a_{fh}(Ct)_{fh}}{100 - C_{fh}} + \frac{a_{hz}(Ct)_{hz}}{100 - C_{hz}} + \frac{a_{lm}(Ct)_{lm}}{100 - C_{lm}} + \frac{a_{yh}(Ct)_{yh}}{100 - C_{yh}}\right) \tag{6-29}$$

式中　$(Ct)_{fh}$，$(Ct)_{hz}$，$(Ct)_{lm}$，$(Ct)_{yh}$——飞灰、灰渣、漏煤、烟道灰的焓，此处均按灰

焓查表 6-3 取值，kJ/kg；

t_{hz}——灰渣离开炉膛的温度，固态排渣取 800℃，链条炉排渣取 600℃，液态排渣取融化温度加 100℃。

6.2.3　实验装置

本实验选择在实验室的小型燃气锅炉上进行，实验装置如图 6-4 所示。

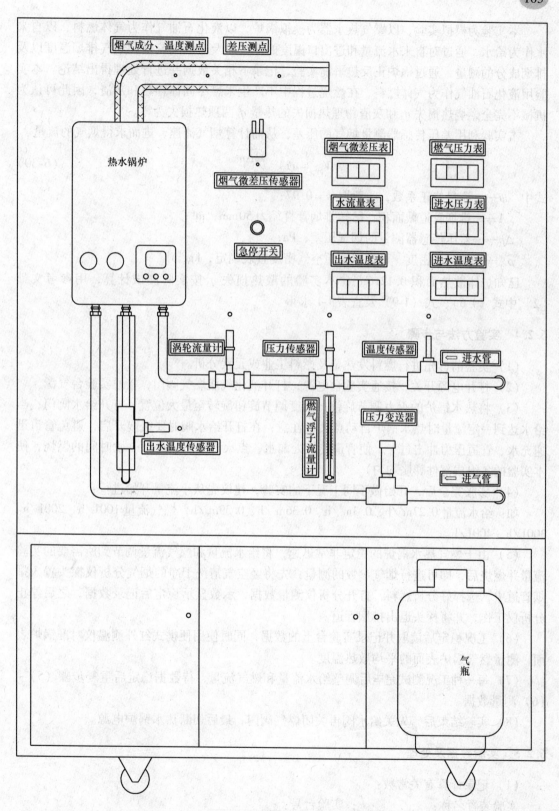

图 6-4 锅炉热工性能实验台

本实验为模拟实验，以燃气热水器为模拟锅炉，以液化石油气作为气体燃料，以自来水作为给水，通过对自来水流量和进出口温度的测量以及对燃气流量和烟气排烟温度以及排烟成分的测量，通过锅炉正反热平衡实验，记录下相关数据并进行处理得出结论。本实验用液化石油气作为气体燃料，在燃烧过程中不产生未燃尽固体颗粒和灰渣，因此可认为机械不完全燃烧热损失 q_4 和灰渣物理热损失的热量 q_6 两项热损失为零。

本实验利用差压传感器测量烟气的压差，从而计算烟气流速，进而求得烟气的流量。

$$V_{py} = \psi A \sqrt{\frac{2\Delta p}{\rho_{py}}} \tag{6-30}$$

式中　ψ——流量修正系数，一般取 $\psi = 0.97$；

　　　A——排烟管道截面积，已知排烟管直径为 50mm，m^2；

　　　Δp——差压传感器测量的烟气压差，Pa；

　　　ρ_{py}——烟气的密度，可近似按照空气密度查表确定，kg/m^3。

已知炉体散热面积 $0.1216m^2$，本实验的散热损失 q_5 按实际测试计算，用参考文献[2] 中式（1-6）、式（1-9）及查表 1-1 求得。

6.2.4　实验方法与步骤

（1）实验前首先进行燃料发热量及燃料工业或元素分析。

（2）打开电源开关，接通实验台电源；打开液化气瓶燃气阀门，接通实验台气源。

（3）将热水锅炉的火力调节旋钮、温度调节旋钮旋转至最大位置，打开给水阀门，当给水达到一定流量时热水锅炉自动点火（注意：在打开给水阀时要缓慢开启，避免管道迅速充水、管道压力冲击过大，使管道连接处漏水，点火成功后需进行一段时间的燃烧，使本实验的各组成部件膨胀均匀）。

（4）膨胀完全后，开始做不同工况下的实验，建议先从小流量开始进行：

如：给水流量 $0.27m^3/h$、$0.3m^3/h$、$0.36m^3/h$、$0.39m^3/h$，燃气流量 100L/h、200L/h、300L/h、400L/h。

（5）由于燃气热水锅炉的稳定非常迅速，将给水流量和燃气流量调节到所需要的实验流量并燃烧后，即可进行烟气参数的测量：先将经空气清洗干净的烟气分析仪探头置入排烟管道中，选择好分析燃料，打开分析仪测量数据，示数显示稳定后记录数据，之后停止分析仪工作，并将探头退出排烟管道。

（6）工况稳定后读取并记录实验台上的数据，同时使用便携式红外测温仪对准锅炉表面，测量燃气锅炉表面的平均散热温度。

（7）每一种工况测试完毕后调整给水流量和燃气流量，待数据稳定后重复步骤（5）~（6）测量数据。

（8）实验结束后，先关给水阀再关闭燃气阀门，最后切断热水锅炉电源。

6.2.5　实验数据及处理

（1）记录计算有关常数：

实验装置名称：_____；实验台号：_____；

室温：_____℃；大气压力 $B =$_____ Pa；锅炉类型：_____。

（2）记录及计算：

将实验数据记入表6-4。

表6-4 实验记录及计算表

序号	名　称	符号	单　位	计算公式或数据来源	数据1	数据2
1	燃料消耗量	B	kg/h 或 m³/h	测试		
2	燃料低发热量	Q_d	kJ/kg 或 kJ/m³	燃料热值测试		
3	燃料灰分	A_{ar}	%	燃料工业分析		
4	输入热量	Q_r	kJ/kg 或 kJ/m³	按式（6-5）计算		
5	给水流量即锅炉蒸发量或热水量	D/G	t/h	测试		
6	出口水温	t_2	℃	测试		
7	进口水温	t_1	℃	测试		
8	出口水焓（或蒸汽焓）	h_2	kJ/kg	查附录Ⅱ或Ⅲ		
9	进口水焓	h_1	kJ/kg	查附录Ⅱ		
10	锅炉有效吸热量	Q_{gl}	kJ/h	按式（6-8）或式（6-9）计算		
11	锅炉有效利用热量	Q_1	kJ/kg 或 kJ/m³	按式（6-7）计算		
12	锅炉热效率（正平衡法）	η_1	%	按式（6-4）计算		
13	飞灰重量	G_{fh}	kg	测试		
14	灰渣重量	G_{hz}	kg	测试		
15	漏煤重量	G_{lm}	kg	测试		
16	烟道灰重量	G_{yh}	kg	测试		
17	飞灰可燃物含量	C_{fh}	%	灰样分析		
18	灰渣可燃物含量	C_{hz}	%	灰样分析		
19	漏煤可燃物含量	C_{lm}	%	灰样分析		
20	烟道灰可燃物含量	C_{yh}	%	灰样分析		
21	机械未完全燃烧热损失	q_4	%	按式（6-20）计算		
22	烟气压差	Δp	Pa	测试		
23	排烟流量	V_{py}	m³/m³ 或 m³/kg	按式（6-30）计算		
24	排烟温度	t_{py}	℃	测试		
25	排烟处烟气的体积百分数	RO_2	%	烟气分析		
		CO	%	烟气分析		
		N_2	%	烟气分析		
		O_2	%	烟气分析		
		H_2O	%	烟气分析		
26	化学未完全燃烧热损失	q_3	%	按式（6-21）计算		
27	烟气各成分的焓	$(Ct)_{RO_2}$	kJ/m³	查表6-3		
		$(Ct)_{CO}$	kJ/m³	查表6-3		
		$(Ct)_{N_2}$	kJ/m³	查表6-3		
		$(Ct)_{O_2}$	kJ/m³	查表6-3		
		$(Ct)_{H_2O}$	kJ/m³	查表6-3		

续表 6-4

序号	名 称	符号	单 位	计算公式或数据来源	数据 1	数据 2
28	冷空气温度	t_{lk}	℃	测试		
29	空气焓	$(Ct)_{lk}$	kJ/m³	查表 6-3		
30	排烟焓	h_{py}	kJ/kg 或 kJ/m³	按式 (6-23) 计算		
31	冷空气焓	h_{lk}	kJ/kg 或 kJ/m³	按式 (6-25) 计算		
32	排烟处过剩空气系数	α_{py}		烟气分析测得或按式 (6-24) 计算		
33	理论空气量	V_k^0	m³/kg 或 m³/m³	按式 (6-26) 或式 (6-27) 计算		
34	排烟热损失	q_2	%	按式 (6-22) 计算		
35	锅炉表面平均温度	t_g	℃	测试		
36	散热损失	q_5	%	查图 6-3 或按式 (6-28) 计算		
37	灰渣离开炉膛的温度	t_{hz}	℃	测试或经验		
38	灰渣焓	$(Ct)_{hz}$	kJ/kg	查表 6-3		
39	灰渣物理热损失	q_6	%	按式 (6-29) 计算		
40	锅炉热效率 (反平衡法)	η_1	%	按式 (6-10) 计算		

（3）不同工况下的实验数据计算结果见表 6-5，画出锅炉给水流量、燃气流量与正反平衡热效率的关系曲线，并比较正反平衡热效率的差别，分析影响原因，并提出改进意见。

表 6-5　不同工况下的实验数据计算结果

给水流量 /m³·h⁻¹	燃气流量 /L·h⁻¹	锅炉热效率 (正平衡法) η_1/%	锅炉热效率 (反平衡法) η_1/%	排烟热损失 q_2/%	化学未完全燃烧热损失 q_3/%	散热损失 q_5/%
0.27	100					
	200					
	300					
	400					
0.3	100					
	200					
	300					
	400					
0.36	100					
	200					
	300					
	400					
0.39	100					
	200					
	300					
	400					

6.2.6 注意事项

（1）注意阀门的打开顺序，否则可能导致点火不成功。当点火不成功时，可将热水锅炉底部的热水、冷水按钮开关一次即可重新点火。

（2）在实验中注意通风，打开各个窗户和房门，避免中毒。

（3）实验前应进行热水锅炉漏电保护校验，以防触电。

（4）注意不能用湿手触碰电源，以防触电。

（5）注意不能踩踏管道，以免压力升高造成不必要的麻烦。

（6）注意不能用手触摸热水试温，以防烫伤。

（7）注意正确使用烟气分析仪和便携式红外测温仪，以免损坏设备。

（8）注意使用液化石油气后将阀门关闭，避免泄漏。

（9）实验完毕后关闭给水阀门，燃气阀门并切断热水器电源。

6.3 换热器综合实验

换热器性能测试实验，主要对应用较广的间壁式换热器中的四种换热：套管式、板式、管壳式和玻璃热管换热器进行性能测试。其中，对套管式、板式和管壳式换热器可以进行顺流和逆流两种流动方式的性能测试，而热管式换热器只能作一种流动方式的性能测试。

6.3.1 实验目的

（1）熟悉换热器性能的测试方法，了解影响换热器性能的因素。

（2）了解套管式换热器，管壳式换热器和板式换热器的结构特点及其性能的差别。

（3）测定换热器的总传热系数、对数传热温差和热平衡误差等。

（4）加深对顺流和逆流两种流动方式换热器换热能力差别的认识。

（5）熟悉流体流速、流量、压力、温度等参数的测量技术。

6.3.2 实验原理

本次实验所用的均是间壁式换热器，热量通过固体壁面由热流体传递给冷流体。热水加热采用电加热方式，冷-热流体的进出口温度采用巡检仪测量，采用温控仪控制和保护加热温度。实验原理如图 6-5 所示。

通过测量冷热流体的流量、进出口温度，可由式（6-31）~式（6-33）计算换热器的换热量，由式（6-35）计算换热器的温差，最后由式（6-36）计算出换热器的传热系数。换热器的传热系数综合反映了传热过程的难易程度，表示单位传热温差、单位传热面积下传热过程所传递的热量。

热流体放热量

$$Q_1 = c_{p1} m_1 (t_1' - t_1'') \tag{6-31}$$

冷流体吸热量

$$Q_2 = c_{p2} m_2 (t_2'' - t_2') \tag{6-32}$$

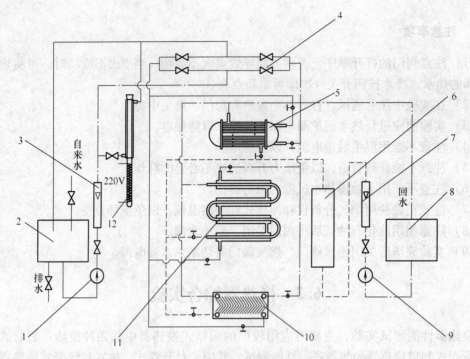

图 6-5　换热器综合实验台原理

1—冷水泵；2—冷水箱；3—冷水转子流量计；4—冷水顺逆流换向阀门组；5—管壳式换热器；
6—电加热水箱；7—热水浮子流量计；8—回水箱；9—热水泵；10—板式换热器；
11—套管式换热器；12—玻璃热管换热器

平均换热量

$$Q = \frac{Q_1 + Q_2}{2} \tag{6-33}$$

热平衡误差

$$\Delta = \frac{Q_1 - Q_2}{Q} \times 100\% \tag{6-34}$$

对数平均温差

$$\Delta t_{\mathrm{m}} = \frac{\Delta t_{\max} - \Delta t_{\min}}{\ln \dfrac{\Delta t_{\max}}{\Delta t_{\min}}} \tag{6-35}$$

传热系数

$$k = \frac{Q}{A \Delta t_{\mathrm{m}}} \tag{6-36}$$

式中　Q_1，Q_2——热、冷流体的放、吸热量，W；

　　　c_{p1}，c_{p2}——热、冷流体的比定压热容，J/(kg·℃)；

　　　m_1，m_2——热、冷流体的质量流量，kg/s；

　　　t_1'，t_1''——热流体的进出口温度，℃；

　　　t_2'，t_2''——冷流体的进出口温度，℃；

$\Delta t_{\max}$，$\Delta t_{\min}$——$\Delta t'$ 和 $\Delta t''$ 两者中大者和小者，如顺流时 $\Delta t_{\max} = t_1' - t_2'$，$\Delta t_{\min} = t_1'' - t_2''$；

A——换热器的换热面积，m^2；

k——传热系数，$W/(m^2 \cdot °C)$。

注：热、冷流体的质量流量 m_1、m_2 是根据修正后的流量计体积流量读数 V_1、V_2 换算成的质量流量值。

6.3.3 实验装置

换热器综合实验台的实验装置如图6-6所示。

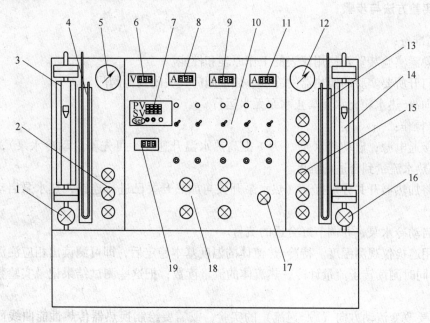

图6-6 换热器综合实验台

1—热水流量调节阀；2—热水套管、管壳、板式换热器调节阀门组；3—热水转子流量计；
4—热水出口压力计；5—热水进口压力表；6—电压表；7—巡检仪；8—A 相电流表；
9—B 相电流表；10—水泵及加热开关组；11—C 相电流表；12—冷水进口压力表；
13—冷水出口压力计；14—冷水转子流量计；15—冷水套管、管壳、板式换热器调节阀门组；
16—冷水流量调节阀；17—热管冷水阀门；18—逆顺流转换阀门组；19—温度控制仪表

实验台参数：

（1）换热器换热面积 A：

1）套管式换热器：$0.45m^2$；

2）板式换热器：$0.11m^2$；

3）管壳式换热器：$1.05m^2$；

4）玻璃热管换热器：$0.028m^2$。

（2）电加热器总功率：4.8kW。

（3）冷、热水泵：

允许工作温度：$\leqslant 80°C$；

额定流量：$3m^3/h$；

扬程：12m；

电机电压：220V；

电机功率：120W。

（4）转子流量计：

型号：LZB-15；

流量：40~400L/h；

允许温度范围：0~80℃。

6.3.4　实验方法与步骤

（1）准备：

1）熟悉实验装置及使用仪表的工作原理和性能。

2）打开所要实验的换热器的冷水、热水阀门，关闭其他阀门。

3）向冷-热水箱充水，禁止水泵无水运行。

（2）操作：

1）接通电源；启动热水泵（为了提高热水温升速度，可先不启动冷水泵），并尽可能地调小热水流量到合适的程度。

2）将加热器开关分别打开（热水泵开关与加热开关已进行连锁，热水泵启动，加热才能供电）。

3）启动冷水泵，并调节好合适的流量。

4）用巡检仪观测温度。待冷-热流体的温度基本稳定后，即可测读出相应测温点的温度数值，同时测读转子流量计冷、热流体的流量读数；把这些测试结果记录实验数据记录表中。

如需要改变流动方向（顺-逆流）的实验，或需要绘制换热器传热性能曲线而要求改变工况（如改变冷水（热水）流速（或流量））进行试验，或需要重复进行实验时，都要重新安排实验，实验方法与上述实验基本相同，并记录下这些实验的测试数据。

5）实验结束后，首先关闭电加热器开关，5min 后切断全部电源。

6.3.5　实验数据及处理

（1）数据记录及计算：

实验装置名称：_____；实验台号：_____；室温：_____℃。

将实验数据记入表 6-6、表 6-7。

表 6-6　实验数据记录表

顺逆流	热 流 体			冷 流 体			换热器类型
	进口温度 t_1'/℃	出口温度 t_1''/℃	流量计读数 V_1/L·h^{-1}	进口温度 t_2'/℃	出口温度 t_2''/℃	流量计读数 V_2/L·h^{-1}	
顺流							

顺逆流	热 流 体			冷 流 体			换热器类型
	进口温度 $t_1'/℃$	出口温度 $t_1''/℃$	流量计读数 $V_1/L \cdot h^{-1}$	进口温度 $t_2'/℃$	出口温度 $t_2''/℃$	流量计读数 $V_2/L \cdot h^{-1}$	
逆流							

表6-7　实验数据计算表

顺逆流	热流体放热量 Q_1/W	冷流体吸热量 Q_2/W	平均换热量 Q/W	热平衡误差 $\Delta/\%$	温度差 $\Delta t_{max}/℃$	温度差 $\Delta t_{min}/℃$	对数平均温差 $\Delta t_m/℃$	传热系数 k $/W \cdot (m^2 \cdot ℃)^{-1}$	换热器类型
顺流									
逆流									

（2）以传热系数为纵坐标，冷水（热水）流速（或流量）为横坐标绘制传热性能曲线。

6.3.6　实验分析与讨论

（1）试比较管壳式换热器、套管式换热器、板式换热器的特点及优缺点。

（2）根据测试结果和四种换热器的结构特点、换热方式，分析其影响换热系数的因素；根据测试方法和实验结果，分析产生误差的原因。

6.3.7　注意事项

（1）热流体在热水箱中加热温度不得超过80℃。

（2）实验台使用前应加接地线，以保安全。

（3）水泵应在每星期启动一次，以防止水泵因转轮和外壳间隙小而有水垢粘死。

6.4　工业炉热工特性及换热器性能综合实验

6.4.1　实验目的

（1）了解和掌握工业炉热平衡及换热器基本性能的测试和分析方法。

（2）测试计算炉膛热平衡中的各收入项和支出项，掌握各项热量的测定和计算方法。

（3）编制热平衡表，绘出热流图，计算热量各收入与支出项在总热量中所占的比例。

（4）确定燃料消耗各项指标，单位热耗、热量有效利用系数。

6.4.2　实验原理

6.4.2.1　炉膛热平衡

根据热力学第一定律（能量守恒定律），炉窑（或它的一部分）的热量收入必等于热量支出。

本实验以炉膛为热平衡区域，以环境温度作为计算热量的基准温度，以单位时间为基准编制热平衡表。炉膛热平衡式为

$$Q_{烧} + Q_{空} = Q_{效} + Q_{废膛} + Q_{化} + Q_{失膛} \tag{6-37}$$

式中　$Q_{烧}$——燃料的燃烧热，kJ/h；

  $Q_{空}$——空气的物理热，kJ/h；

  $Q_{效}$——有效热，kJ/h；

  $Q_{废膛}$——炉膛废气带走的热量，kJ/h；

  $Q_{化}$——化学不完全燃烧热损失，kJ/h；

  $Q_{失膛}$——炉膛全部热损失，kJ/h。

（1）热收入项。

1）燃料的燃烧热 $Q_{烧}$

$$Q_{烧} = BQ_{d} \tag{6-38}$$

式中　Q_{d}——燃料的低发热量，按热值测试或元素分析计算得到，kJ/kg 或 kJ/m³❶；

  B——炉膛燃料消耗量，kg/h 或 m³/h。

2）预热空气带入的物理热 $Q_{空}$

$$Q_{空} = BL_{n}(c''_{空} t_{空} - c'_{空} t_{环}) \tag{6-39}$$

式中　L_{n}——实际空气量，$L_{n} = nL_{0}$，L_{0} 按式（6-26）或式（6-27）计算求得，m³/kg 或 m³/m³；

  $t_{空}$, $t_{环}$——分别为空气的预热温度和环境温度，℃；

  $c''_{空}$, $c'_{空}$——分别为空气在 $0 \sim t_{空}$ 和 $0 \sim t_{环}$ 之间的平均定压比热容，查附表Ⅳ，kJ/(m³·℃)。

（2）热支出项。

1）有效热 $Q_{效}$

$$Q_{效} = G(c''_{水} t''_{水} - c'_{水} t'_{水}) \tag{6-40}$$

式中　G——水流量，kg/h；

  $t''_{水}$, $t'_{水}$——分别为出水温度和进水温度，℃；

  $c''_{水}$, $c'_{水}$——分别为水在 $t''_{水}$ 和 $t'_{水}$ 时的比热容，查附表Ⅱ，kJ/(kg·℃)。

2）炉膛废气带走的热损失 $Q_{废膛}$

---

❶　本实验中气体（燃气、烟气）单位符号"m³"，除有特殊说明外，均指标准状态下的立方米。

$$Q_{废膛} = BV_n(c''_{废} t_{废} - c'_{废膛} t_{环})   \tag{6-41}$$

式中　V_n——废气生成量，m^3/kg 或 m^3/m^3；

　　　$t_{废}$——出炉膛的废气温度，$℃$；

$c''_{废}, c'_{废膛}$——分别为废气在 $0 \sim t_{废}$ 和 $0 \sim t_{环}$ 之间的平均定压比热容，查附表Ⅳ，kJ/ ($m^3 \cdot ℃$)。

3）化学不完全燃烧热损失 $Q_{化}$

$$Q_{化} = 18042 BV_n CO   \tag{6-42}$$

式中　18042——在 CO 与 H_2 之比为 1∶0.5 的混合气体中，有 $1 m^3$ CO 时混合气体的发热量，kJ/m^3；

　　　CO——废气中 CO 的体积百分含量。

4）炉膛砌体及其他的热损失 $Q_{失膛}$

$$Q_{失膛} = Q_{烧} + Q_{空} - Q_{效} - Q_{化} - Q_{废膛}   \tag{6-43}$$

6.4.2.2　换热器热平衡

换热器的热收入项只有炉膛废气热一项，而热支出有三项：热空气的物理热、换热器的热损失、炉子废热（换热器末），即

$$Q_{废膛} = Q_{空} + Q_{废} + Q_{失预}   \tag{6-44}$$

式中　$Q_{废}$——炉子废气的物理热，kJ/h；

　　　$Q_{失预}$——换热器的热损失，kJ/h。

（1）炉子废气的物理热 $Q_{废}$

$$Q_{废} = V_1(c''_1 t''_1 - c'_{空} t_{环})   \tag{6-45}$$

式中　V_1——废气的流量，测量得到，m^3/h；

　　　t''_1——废气在换热器出口的温度，$℃$；

　　　c''_1——废气在换热器出口的平均比热容，$kJ/(m^3 \cdot ℃)$。

（2）换热器的热损失按表面散热损失计算。

6.4.2.3　炉子单位热耗

单位热耗指生产单位产品所消耗的热量，kJ/kg。

$$b = \frac{BQ_d}{G}   \tag{6-46}$$

6.4.2.4　炉子热量有效利用系数

有效热与供给炉子的热量之比叫作炉子热量有效利用系数（炉子热效率）。

$$\eta_1 = \frac{Q_{效}}{Q_{烧} + Q_{空}}   \tag{6-47}$$

6.4.2.5　炉子热量利用系数

遗留在炉内的热量（有效热和炉子热损失之和）与供给炉子的热量之比叫做炉子热量利用系数，或称炉子燃料利用系数。

$$\eta_2 = \frac{Q_{效} + Q_{失}}{Q_{烧} + Q_{空}}   \tag{6-48}$$

$$Q_{失} = Q_{失膛} + Q_{失预}   \tag{6-49}$$

6.4.2.6　换热器的温度效率

换热器的温度效率指被预热气体的预热温度与换热器进口废气温度之比。

$$\eta_{温} = \frac{t_2''}{t_1'} \tag{6-50}$$

式中　t_2''——气体的预热温度，$t_2'' = t_{空}$，℃；

　　　t_1'——废气在换热器进口的温度，℃。

6.4.2.7　换热器的热效率

换热器的热效率指在换热器中预热气体得到的热量与废气带入换热器的热量之比。

$$\eta_{热} = \frac{V_2(c_2''t_2'' - c_2't_2')}{V_1 c_1' t_1'} \tag{6-51}$$

式中　V_2——预热气体的流量，m^3/h；

　　　t_2'——预热气体在换热器进口的温度，$t_2' = t_{环}$，℃；

　　c_2'，c_2''——预热气体在换热器进出口的平均比热容，$kJ/(m^3 \cdot ℃)$；

　　　c_1'——废气在换热器进口的平均比热容，$kJ/(m^3 \cdot ℃)$。

6.4.3　实验装置

实验炉是用轻质高铝砖砌成的直通式火焰加热炉（图6-7）。炉底面积约为 2.5m(长)×

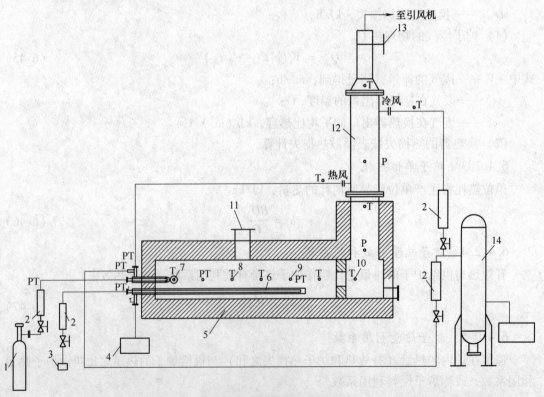

图 6-7　工业炉综合实验装置

1—燃气罐；2—流量计；3—水泵；4—水池；5—炉体；6—量热计；7—点火孔；8—测温孔；9—测温测压孔；
10—废气测温孔；11—防爆门；12—换热器；13—翻板阀；14—空压机；T—温度测点；P—压力测点

$0.5m(宽) = 1.25m^2$。以天然气为燃料，在炉子的端头用煤气烧嘴供热。炉子采用上排烟，炉尾上部装有预热空气的管状换热器。用离心式风机供风，冷空气分两路：一路经过换热器后变成热空气送到烧嘴；另一路冷空气直接送到烧嘴，也可以与热空气汇合，然后把混合后的空气送给烧嘴。受热体（被加热物体）为管状水流式量热计，其结构为套管式，内管进水，环缝回水，其长度为1.6m，实验时将其从炉子端墙烧嘴的下部插入炉内，为了使之与炉底之间保持一定的距离，将其用砖垫起。在煤气管道、风管道、水管路和烟道上均设有调节阀和测量装置（已知换热器内管材质为Q235，直径$d = 300mm$，高度$h = 1000mm$，壁厚$\delta = 5mm$）。

实验中测量的参数、测点（或取样）的位置和使用的仪器设备见表6-8。

表6-8 实验测量项目

项目	测量参数	测量（取样）位置	使用的仪器设备
温度	（1）炉膛废气温度	炉尾	PT100 K型热电偶
	（2）进出换热器废气温度	换热器进出口处	PT100 K型热电偶
	（3）空气预热温度	烧嘴前	PT100 K型热电偶
	（4）受热体进出口水温	量热计进出口处	PT100 K型热电偶
	（5）煤气和冷空气温度	相应的管道上	PT100 K型热电偶
	（6）炉子内外壁温度	沿炉墙长度内壁6点，外壁多点	PT100 K型热电偶
压力	（7）煤气与空气压力	管道上	压力传感器
	（8）炉膛压力	炉顶上部	压力传感器
流量	（9）空气和燃料流量	烧嘴前	电磁流量计
	（10）水流量	管道上或出口处	涡街流量计
成分等	（11）煤气成分	管道上	气体分析仪
	（12）燃料发热量	管道上	容克式（煤气）、氧弹（油）热量计
	（13）炉膛废气成分	炉尾	水冷取样管、烟气分析仪

6.4.4 实验方法与步骤

（1）实验准备：

1）认真阅读实验指导书，了解实验目的、要求、方法及测量项目。

2）熟悉实验炉的构造，包括炉体、烧嘴、换热器、燃料管道及空气管道的走向，各控制阀的部位与作用，熟悉各种仪器仪表的性能并掌握使用方法，了解各测点的位置。

3）检查炉子的供热（煤气或柴油）、供风、供水、供电及排烟等系统以及各种仪表是否安全可靠，并了解试验中应注意的安全事项。

（2）实验步骤：

1）点火。点火前先打开水管道阀门给热量计通水，然后打开烟道闸板，排除炉内残留气体，使炉子排烟系统具有一定的抽力；在关闭空气管道阀门和关闭烧嘴后，打开燃料总管道阀门；然后点燃点火器并送至炉内烧嘴的燃料出口处；再打开煤气或柴油阀门，阀门的开启度要能保证燃料（煤气或柴油）由烧嘴喷出燃烧为宜；之后接通通风机电源使风机运转；再逐渐由小到大打开烧嘴前的空气管道向烧嘴供风，调节火焰达到稳定即完成点火过程。

2）升温和保温阶段。将燃料和空气阀门逐渐开大，待煤气流量达到 $10m^3/h$ 左右时，同时调节空气流量使煤气达到充分燃烧。当炉温上升到某一定稳定温度（以侧墙热电偶所示温度达 $800\sim900℃$）时，在此热负荷下保持 $30min$，待炉况稳定后开始测量数据。整个实验过程要记录 $2\sim3$ 次数据，每次间隔 $10min$ 左右。

3）停炉。实验完成后，将煤气阀门和空气阀门逐渐关小，随后先关闭煤气阀门，后关闭空气阀门；完全打开烟道闸板，排除炉内残留气体；切断风机电源，停止供风；最后调整热量计中的水流量至不产生蒸汽为止。

4）整理实验场地。恢复各仪器设备使之达到实验前的状态，检查煤气、供电、供水等系统是否安全。清扫实验室，做到整齐、卫生。返回借用的工具和材料，离开实验室。

6.4.5 实验数据及处理

（1）记录有关常数：

实验装置名称：_____；实验台号：_____；室温：_____℃。

（2）记录及计算：

根据实验测得的数据，对热平衡中各项热量进行计算，记录在表6-9中；编制炉膛、换热器热平衡表，分别绘制热流图；并计算炉子单位热耗、热量有效利用系数和热量利用系数等指标；计算换热器的温度效率、热效率和综合传热系数。

表6-9 实验记录及计算表

序号	名 称	符号	单 位	计算公式或数据来源	数值 1	数值 2
1	燃料消耗量	B	kg/h 或 m^3/h	测试		
2	燃料低发热量	Q_d	kJ/kg 或 kJ/m^3	热值测试或元素分析计算		
3	燃料的燃烧热	$Q_烧$	kJ/h	按式（6-38）计算		
4	实际空气量	L_n	m^3/kg 或 m^3/m^3	按式（6-26）或式（6-27）计算		
5	空气预热温度	$t_空$	℃	测试		
6	环境温度	$t_环$	℃	测试		
7	空气比热容	$c'_空$	$kJ/(m^3\cdot℃)$	查附表Ⅳ		
8	空气比热容	$c''_空$	$kJ/(m^3\cdot℃)$	查附表Ⅳ		
9	预热空气带入的物理热	$Q_空$	kJ/h	按式（6-39）计算		
10	水流量	G	kg/h	测试		
11	出口水温	$t''_水$	℃	测试		
12	进口水温	$t'_水$	℃	测试		
13	水的比热容	$c''_水$	$kJ/(kg\cdot℃)$	查附表Ⅱ		
14	水的比热容	$c'_水$	$kJ/(kg\cdot℃)$	查附表Ⅱ		
15	有效热	$Q_效$	kJ/h	按式（6-40）计算		

序号	名　称	符号	单　位	计算公式或数据来源	数值1	数值2
16	废气生成量	V_n	m^3/kg 或 m^3/m^3	燃料燃烧计算		
17	废气温度	$t_废$	℃	测试		
18	废气比热容	$c''_废$	$kJ/(m^3 \cdot ℃)$	查附表Ⅳ		
19	废气比热容	$c'_{废膛}$	$kJ/(m^3 \cdot ℃)$	查附表Ⅳ		
20	炉膛废气带走的热损失	$Q_{废膛}$	kJ/h	按式（6-41）计算		
21	废气中 CO 的体积百分含量	CO	%	烟气分析		
22	化学不完全燃烧热损失	$Q_化$	kJ/h	按式（6-42）计算		
23	炉膛砌体及其他的热损失	$Q_{失膛}$	kJ/h	按式（6-43）计算		
24	炉子单位热耗	b	kJ/kg	按式（6-46）计算		
25	炉子热量有效利用系数	η_1	%	按式（6-47）计算		
26	炉子热量利用系数	η_2	%	按式（6-48）计算		
27	废气的流量	V_1	m^3/h	测试		
28	废气在换热器进口的温度	t'_1	℃	测试		
29	废气在换热器出口的温度	t''_1	℃	测试		
30	废气在换热器进口的平均比热容	c'_1	$kJ/(m^3 \cdot ℃)$	查附表Ⅳ		
31	废气在换热器出口的平均比热容	c''_1	$kJ/(m^3 \cdot ℃)$	查附表Ⅳ		
32	炉子废气的物理热	$Q_废$	kJ/h	按式（6-45）计算		
33	换热器表面的温度	$t_换$	℃	测试		
34	换热器的热损失	$Q_{失预}$	kJ/h	计算		
35	预热气体的流量	V_2	m^3/h	测试		
36	预热气体在换热器进口的温度	t'_2	℃	测试		
37	预热气体在换热器进口的平均比热容	c'_2	$kJ/(m^3 \cdot ℃)$	查附表Ⅳ		
38	换热器的温度效率	$\eta_温$	%	按式（6-50）计算		
39	换热器的热效率	$\eta_热$	%	按式（6-51）计算		
40	换热器综合传热系数	k	$W/(m^2 \cdot ℃)$	计算		

6.4.6　实验分析与讨论

分析本实验可能产生的误差及原因，提出改进意见。

6.5　多孔介质燃烧实验

多孔介质燃烧是一种新型的燃烧技术，是指可燃气体流经多孔介质时在多孔介质中进行的燃烧。多孔介质燃烧过程中，多孔介质材料对燃烧主要有三方面影响：（1）由于多孔介质载体的存在，燃烧产生的热量通过导热和辐射的方式被快速传递出去，从而可降低燃烧温度峰值,使燃烧火焰面附近温度更加均匀,同时最高燃烧温度的降低减少了燃烧过程中的氮氧化物生成;(2)气体在多孔介质孔隙内发生漩涡、分流和合流等湍流效应,可强化气体的混合,显著加快燃烧反应,提高燃烧速率,从而可以降低燃烧过程中 CO 生成;(3)由于多孔介质骨架的存在,可燃气体在流经多孔介质骨架时,必然在骨架后方形成多个回流区,使气体燃烧的稳定性大大增强。因此,多孔介质燃烧技术是实现燃料高效清洁利用的有效途径。

6.5.1 实验目的

(1)认识多孔介质材料及多孔介质燃烧现象。
(2)了解实验装置的基本组成。
(3)学习压力、流量、温度等测量仪表的使用方法。

6.5.2 实验原理

多孔介质燃烧基本原理如图 6-8 所示。首先,燃烧区的热量经辐射和传导传递到预热区的多孔体,使之升温。当预混气流经预热区时将受到对流和辐射加热,所以气体流经预热区的过程即是气流本身受到预热的过程;经预热后的预混气进入燃烧区,边流动边燃烧,完成化学反应和能量释放。此时整个过程受多孔体内流体力学的影响,而且流动、燃烧和传热是强烈相互耦合的。燃烧产物旋绕地流经多孔体至出口,从而通过对流方式加热多孔体;最后大部分热能由燃烧区多孔体最终以辐射形式传递到其周围,由燃烧区经辐射和传导反馈给上游未燃气体的热量能提高火焰速率,从而导致高容积释热率。此时燃烧实际上是反应波在多孔结构内的稳定过程,这也是区别自由空间燃烧的显著特点。

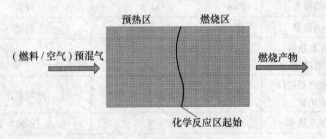

图 6-8 多孔介质燃烧基本原理

预混气体在多孔介质中的燃烧可以实现"超绝热燃烧"。在多孔介质燃烧过程中,由于多孔介质的存在使得部分反应热通过自我组织的热回流,导致反应物在未达到反应区域就得到了有效的预热,因此在反应区域气体的温度可高于相应燃料的绝热火焰温度。图 6-9 所示是超绝热燃烧概念示意图。

多孔介质中的热量回流是传导、对流及辐射三种传热方式共同作用的结果,如图 6-10 所示。热量回流作用可以简要归纳如

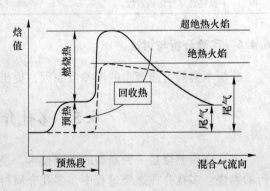

图 6-9 超绝热燃烧概念示意图

下：（1）在火焰面区域，气体通过化学反应释放热量，热量以对流及气固辐射方式向固体传递，固体间通过导热及辐射作用同时向火焰面前沿及火焰面后沿传递；（2）在预热区，固体温度高于气体温度，固体通过气固换热作用加热气体，直至预混气体达到着火温度，形成并维持火焰面；（3）在火焰面后沿的蓄热区，固体温度低于气体温度，气体通过对流换热作用加热固体，同时，固体通过导热及辐射作用向下游传递热量，使温度分布较为均匀。

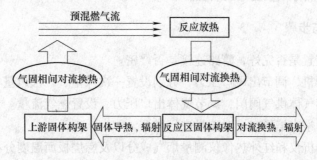

图 6-10　多孔介质燃烧过程中的热量传递

6.5.3　实验装置

多孔介质燃烧平台基本结构如图 6-11 所示。

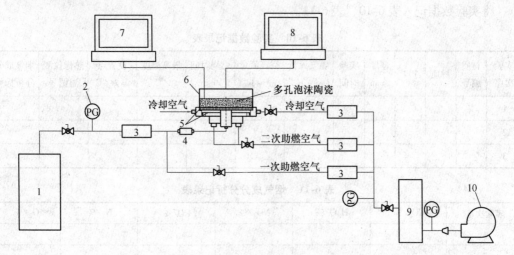

图 6-11　多孔介质燃烧平台基本结构

1—混合燃气罐；2—压力表；3—流量计；4—混合器；5—布风板；6—石英玻璃；
7—温度采集系统；8—烟气成分分析系统；9—稳压罐；10—空压机

多孔介质燃烧平台主要由空气和燃气供气系统、测量检测系统、燃烧装置三大部分组成。助燃空气由空压机提供，供风管道分为三路，分别是一次风（助燃空气）、二次风（助燃空气）和冷却空气。其中，一次风与可燃气体在混合器里混合后从燃烧装置底部中心处供入；二次风单独从燃烧装置底部外环处供入；冷却风单独由燃烧装置壳体侧部供入，用于燃烧装置壳体的冷却，以防止燃烧装置在高温下变形。可燃气体分为高热值可燃气体和低热值可燃气体两种，主要成分均为 CH_4、H_2、CO 和 N_2，热值的高低由可燃气体的比例来调节，可燃混合气体由气瓶提供。燃烧装置外观为方形结构，金属壳体做成中空结构，可以通入冷却空气进行壳体冷却；壳体底部设有双层布风板，保证可燃混合物均匀地分布在燃烧面板上；多孔泡沫陶瓷置于布风板上部，泡沫陶瓷的材质主要有 Al_2O_3、SiC 和 ZrO_2 三种，孔隙密度（PPI）主要有 60PPI、35PPI、25PPI 三种。在供气管路上设置有流量调节检测装置、压力检测装置，在燃烧装置侧部设置有温度检测装置，顶部设置有烟气分析装置和红外热像仪温度检测装置。

6.5.4　实验方法与步骤

（1）检查各装置是否完好，管路连接是否严密。

（2）启动空压机，调节出风口压力，分别设置一次风量、二次风量与冷却风量大小。

（3）打开可燃气体供气阀门，调节气体出口压力，设置燃气流量。

（4）点火，观察火焰形态，对流量进行微调。

（5）用烟气分析仪和红外热像仪测量烟气成分以及燃烧板面温度分布。

（6）关闭燃气阀。

（7）关闭空气阀，停止空压机。

6.5.5　实验数据及处理

将实验数据记入表6-10、表6-11。

表 6-10　实验数据记录表

实验次序	材质编号	材质	PPI	厚度/mm	实验时间	燃气流量/$m^3 \cdot h^{-1}$	空气流量/$m^3 \cdot h^{-1}$	燃烧时间/min	最高温度/℃	设置点温差/℃	热像仪测温图号	烟气成分分析标号
1												
2												
3												

表 6-11　烟气成分分析记录表

实验次序	CO_2/%	H_2O/%	NO_x/%	CO/%	N_2/%	O_2/%
1						
2						
3						

6.5.6　实验分析与讨论

（1）根据热像仪测量结果分析泡沫陶瓷板表面温度是否均匀。

（2）根据烟气分析仪测量结果分析多孔介质燃烧污染物排放的大小。

6.5.7　注意事项

（1）不要随意触碰阀门及燃烧中的燃烧装置壳体。

（2）燃烧启动时必须先供助燃空气，再供入可燃气体；燃烧停止时必须先停止供入可燃气体，再停止供入助燃空气。

6.6 干燥特性实验

通过加热将固体物料中的水分蒸发并排除的过程称为干燥过程，其所用的设备称为干燥器，其广泛用于工业生产的原料、燃料、毛坯、型芯、半成品等的干燥中。在设计干燥器的尺寸或确定干燥器的生产能力时，被干燥物料在给定干燥条件下的干燥速率、临界湿含量和平衡湿含量等干燥特性数据是最基本的技术依据参数。由于实际生产中的被干燥物料的性质千变万化，因此对于大多数具体的被干燥物料而言，其干燥特性数据常常需要通过实验测定。

6.6.1 实验目的

（1）通过实验加深对干燥原理的感性认识及理解，巩固其基本知识。

（2）掌握物料在恒定干燥条件下干燥曲线（x-τ）和干燥速率曲线（u-x）的测定方法。

（3）计算恒速阶段干燥速率 $u_{恒速}$、临界含水量 x_c、平衡含水量 x^*。

（4）研究干燥条件对于干燥过程特性的影响。

6.6.2 实验原理

物料的干燥是在受热的情况下，水分自物料内部移向表面（内扩散），由液态变为汽态（汽化蒸发），再由物料表面将水蒸气移入附近的气体介质中（外扩散）的过程。整个干燥过程是由内扩散、汽化蒸发、外扩散三个过程组成，它包括热的交换和质的传递，是一个传热和传质的综合过程。

按干燥过程中空气状态参数是否变化，可将干燥过程分为恒定干燥条件操作和非恒定干燥条件操作两大类。若用大量空气干燥少量物料，则可以认为湿空气在干燥过程中温度、湿度均不变，再加上气流速度、与物料的接触方式不变，则称这种操作过程为恒定干燥条件下的干燥过程。

物料在恒定干燥条件下的干燥过程（如图 6-12、图 6-13 所示）分为三个阶段：

Ⅰ加热阶段（AB）：空气中部分热量用来加热物料，物料温度升高，水分减少，干燥速度增加。

Ⅱ恒速阶段（BC）：此阶段是自由水排除阶段，干燥介质传给物料的热量全部用于水分的汽化，物料表面温度维持恒定（等于热空气湿球温度 t_w），物料含水量随时间成比例减少，干燥速率恒定且较大。

Ⅲ降速阶段（CD）：当物料含水量降到临界含水量 x_c 以下后，由于物料内部水分的扩散慢于物料表面的蒸发，不足以维持物料表面保持润湿，则物料表面将形成干区，干燥速率开始降低，含水量越小，速率越慢，干燥曲线 CD 逐渐达到平衡含水量 x^* 而终止。

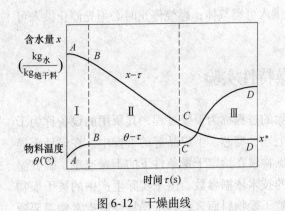

图 6-12　干燥曲线

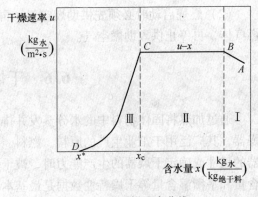

图 6-13　干燥速率曲线

干燥速率曲线只能通过实验测得，因为干燥速率不仅取决于空气的性质和操作条件，而且还受物料性质、结构及所含水分性质的影响。

（1）物料干基含水量的测定。物料干基含水量指的是绝对干物料中所含有的水量，表达式为

$$x_i = \frac{G_{s(i)} - G_c}{G_c} \qquad (6-52)$$

式中　x_i——湿物料在 τ_i 时刻的含水量，$\mathrm{kg_{水}/kg_{绝干料}}$；

　　　$G_{s(i)}$——湿物料在 τ_i 时刻的质量，kg；

　　　G_c——湿物料中绝干物料的质量，kg。

（2）干燥速率的测定。干燥速率为单位时间内在单位面积上汽化的水分质量，表示为

$$u = \frac{\mathrm{d}w}{A\mathrm{d}\tau} = -\frac{G_c\mathrm{d}x}{A\mathrm{d}\tau} = \frac{G_{s(i)} - G_{s(i+1)}}{A\Delta\tau} \qquad (6-53)$$

式中　u——干燥速率，$\mathrm{kg/(m^2 \cdot s)}$；

　　　A——干燥表面，$\mathrm{m^2}$；

　　　$\mathrm{d}\tau$——相应的干燥时间，s；

　　　$\mathrm{d}w$——汽化的水分量，kg；

　　　负号——表示物料含水量随干燥时间的增加而减少。

干燥速率曲线中的横坐标 x 为相应于某干燥速率下的物料的平均含水量 $\bar{x}$

$$\bar{x} = \frac{x_i + x_{i+1}}{2} = \left(\frac{G_{s(i)} + G_{s(i+1)}}{2G_c}\right) - 1 \qquad (6-54)$$

以 u 为纵坐标，以某干燥速率下的湿物料的平均含水量 $\bar{x}$ 为横坐标，即可绘出干燥速率曲线图 $u\text{-}x$（图 6-13）。

根据实验测出不同时刻物料重量 $G_{s(i)}$ 与时间的关系曲线 $G_s\text{-}\tau$，按式（6-52）可得 τ_i 时刻所对应的 x_i 值，据此即可在直角坐标纸上作出干燥曲线 $x\text{-}\tau$。

绘制干燥速率曲线的另一种方法：在 $x\text{-}\tau$ 曲线上再取若干代表性的点，根据 $x\text{-}\tau$ 曲线的拟合曲线方程，求出这些点所对应的斜率 $\dfrac{\mathrm{d}x}{\mathrm{d}\tau}$，按式（6-53）即可计算出这些点对应的干燥速度 u，在直角坐标纸上绘出干燥速率曲线 $u\text{-}x$。

从 $u\text{-}x$ 图中可以直接读出恒定干燥速度 $u_{恒速}$、临界含水量 x_c 以及平衡含水量 x^*。

6.6.3 实验装置

（1）实验装置。本装置如图 6-14 所示。空气由鼓风机送入电加热器，经加热后流入干燥室，加热干燥室料盘中的湿物料后，经排出管道通入大气中。随着干燥过程的进行，物料失去的水分重量由称重传感器转化为电信号，并由智能数显仪表记录下来（或通过固定间隔时间，读取该时刻的湿物料重量）。

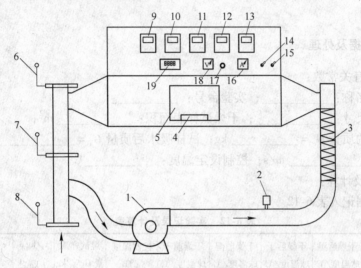

图 6-14　干燥实验装置

1—风机；2—热球风速仪；3—加热器；4—称重天平；5—厢式干燥室；
6~8—调节阀；9—干燥后湿球温度；10—干燥后干球温度；11—干燥前湿球温度；
12—干燥前干球温度；13—控制温度；14—风机开关；15—加热开关；16—电流表；
17—控温调节；18—电压表；19—称重天平读数

（2）主要设备及仪器：

1）离心风机：2800r/min，风量 550m³/h；

2）电加热器：额定功率 3kW；

3）干燥室：140mm（宽）×200mm（高）；

4）干燥物料：羊毛毡（或纤维纸板）；

5）称重天平：采用称重传感器，最大称重 300g，最小量程 0.1g；

6）热球风速（风量）仪：0~10m/s；

7）温度测量点及空气干球温度、湿球温度、加热控制温度，均为 Pt100 热电阻。

6.6.4 实验方法与步骤

（1）实验前量取试样尺寸（长、宽、高），并称量绝干物料的质量 G_c。

（2）将试样放入水中浸泡，稍候片刻取出，让水分均匀扩散至整个试样，然后称取湿试样质量 G_s。

（3）开启风机，适当打开阀 6、7，调节风速调节阀 8 至预定风速值。调好控制温度至预定温度（低于 75℃），开加热器，旋转控温调节按钮至适当加热电压（根据实验室温和实验讲解时间长短）。

（4）对称重天平清零。待空气状态稳定后，打开干燥室门，将湿试样放到支架上；开动秒表，记录湿试样质量 G_s，同时记录干燥前后空气的干、湿球温度，控制温度，管道风速。

（5）间隔一定时间后（根据干燥速率快慢，选择 0.5～2min），称量试样质量，读取数据同上。如此往复进行，直至试样质量不变为止（5min 天平读数不变）。

（6）实验结束，先关电加热器，使系统冷却后再关风机，卸下试样，并收拾整理现场。

6.6.5　实验数据及处理

（1）记录有关常数：

实验装置名称：_____；实验台号：_____；

干燥试样尺寸：_____；干燥试样表面积：_____ m^2；

绝干物料的质量 G_c = _____ kg；试样吸水后质量 G_s = _____ kg；

风速：_____ m/s；控制设定温度：_____ ℃。

（2）记录及计算：

将实验数据记入表 6-12。

表 6-12　实验记录及计算表

序号	干燥时间 τ/min	干燥后湿球温度/℃	干燥后干球温度/℃	干燥前湿球温度/℃	干燥前干球温度/℃	控制温度/℃	湿试样质量 $G_{s(i)}$/kg	x_i/kg$_水$·kg$_干^{-1}$	$\bar{x}$/kg$_水$·kg$_干^{-1}$	u/kg·$(m^2 \cdot s)^{-1}$
1										
2										
3										
4										
5										
6										
7										
8										
9										
10										

（3）绘制干燥曲线 x-τ、干燥速率曲线 u-x。

（4）计算恒速阶段干燥速率 $u_{恒速}$、临界含水量 x_c、平衡含水量 x^*。

6.6.6　实验分析与讨论

（1）什么是恒定干燥条件？本实验装置中采用了哪些措施来保持干燥过程在恒定干燥条件下进行？

（2）若加大热空气流量，干燥速率曲线有何变化？恒速干燥速率、临界湿含量又如何变化？为什么？

6.6.7　注意事项

（1）必须先开风机，后开加热器，否则加热管可能会被烧坏。

（2）重量传感器的量程为 $0 \sim 300g$，精度较高。在放置干燥物料时务必要轻拿轻放，以免损坏仪表。

（3）干燥物料要充分浸湿，但不能有水滴自由滴下，否则将影响实验数据的正确性。

（4）注意干、湿球温度计的读数应保持相对稳定的温差，如果发现温差值减小较大，应立刻为湿球温度计加水。

（5）实验过程中不要拍打、碰扣装置面板，以免引起料盘晃动，影响结果。

流体综合实验

7.1 风机性能测试实验

工业生产中处理的原料及产品大多为流体，按照生产工艺的要求，制造产品时往往需要把他们依次输送到各设备内，这样，就必须有一个能给流体提供能量的输送设备，我们把为液体提供能量的输送设备称为泵，为气体提供能量的输送设备称为风机及压缩机。

7.1.1 实验目的

（1）了解风机的构造、操作及有关测量仪器的使用方法。

（2）测定风机在恒定转速情况下的特性曲线 p_t-Q、p_{st}-Q、N-Q、η-Q、η_{st}-Q，并确定该风机最佳工作范围。

7.1.2 实验原理

流体流经风机时，不可避免地会遇到种种流动阻力，产生能量损失。由于流动的复杂性，这些能量损失无法从理论上作出精确计算，也无法从理论上求得实际风压的数值。因此，一定转速下的风机的特性曲线需要通过实验测定。

7.1.2.1 基本概念和基本关系式

（1）风量。风机的风量是指单位时间内从风机出口排出的气体的体积，并以风机入口处气体的状态计，用 Q 表示，单位为 m^3/h。

（2）风压。风机的风压（全压）是指单位体积气体流过风机所获得的能量增量，以 p_t 表示，单位为 $J/m^3 = N/m^2 = Pa$，用下标 1、2 分别表示进口与出口的状态。在风机的吸入口与压出口之间，由伯努利方程得

$$z_1 + \frac{p_1}{\rho g} + \frac{u_1^2}{2g} + H = z_2 + \frac{p_2}{\rho g} + \frac{u_2^2}{2g} + \sum H_f \qquad (7-1)$$

式（7-1）各项均乘以 ρg 并加以整理得

$$\rho g H = \rho g(z_2 - z_1) + (p_2 - p_1) + \frac{\rho(u_2^2 - u_1^2)}{2} + \rho g \sum H_f \qquad (7-2)$$

对于气体，式中 ρ（气体密度）值比较小，故 $\rho g(z_2 - z_1)$ 可以忽略；因进出口管段很短，$\rho g \sum H_f$ 也可以忽略。因此，上述伯努利方程可以简化成

$$p_t = \rho g H = (p_2 - p_1) + \frac{\rho u_2^2}{2} - \frac{\rho u_1^2}{2} \qquad (7-3)$$

式中，$(p_2 - p_1 - \frac{\rho u_1^2}{2})$ 称为风机静压，以 p_{st} 表示。$\rho u_2^2/2$ 称为风机动压，用 p_d 表示。风机的

风压为静压和动压之和，又称为全风压或全压。风机性能表上所列的风压指的就是全压。

7.1.2.2 风量 Q 的测定

（1）毕托管测速法。在管路的适当位置（必须使气体流动稳定的管段）安装一个测量动压头的装置——毕托管。通过测量管路中的动风压来确定风量的大小。

$$p_d = \rho_水 \, g h_d = \frac{\rho u^2}{2} \tag{7-4}$$

所以

$$u = \sqrt{\frac{2 p_d}{\rho}} = \sqrt{\frac{2 \rho_水 \, g h_d}{\rho}} \tag{7-5}$$

$$Q = A \cdot u = \frac{\pi d^2}{4} \sqrt{\frac{2 \rho_水 \, g h_d}{\rho}} \cdot 3600 \tag{7-6}$$

式中　d——测量位置的管径，m；

$\quad\,\,u$——毕托管处流体流速，m/s；

$\quad\,\,\rho$——被测流体的密度，kg/m³；

$\quad\,\,h_d$——水柱高度，m；

$\quad\,\,p_d$——毕托管测得的动风压，Pa。

（2）孔板流量计法。风量计算公式

$$V_s = C_0 \cdot A_0 \cdot \sqrt{2gh} \tag{7-7}$$

或

$$V_s = C_0 \cdot A_0 \cdot \sqrt{\frac{2Rg(\rho_i - \rho)}{\rho}} \tag{7-8}$$

式中　V_s——孔板流量计测得的风量，m³/s；

$\quad\,\,R$——U 形压差计的读数，m；

$\quad\,\,\rho_i$——压差计中指示液的密度，kg/m³；

$\quad\,\,C_0$——孔流系数；

$\quad\,\,A_0$——孔口面积，m²。

本文选用毕托管测速法：动压管的直管必须垂直管壁，弯管嘴应面对气流方向且与风管轴线平行，其平行度偏差不得大于 5°。在进口风管同一截面取 10 个测点，计算进口动压平均值 p_{d1}，再用式（7-6）计算出风量 Q。

7.1.2.3 静风压和全风压的测定

风机静压 $p_{st} = p_2 - p_1 - \rho u_1^2/2$，可以通过风机进（出）口处的静压管及毕托管测得。由于本实验出气口通向大气，所以 p_2 为大气压强。进口静压 p_1 测定的具体操作是将进口风管同一截面四点静压收集到一个共同的环中并与压力计相连，测量平均静压 p_1，此压力计通常为负压。用毕托管测得进口动压 p_{d1}，再用式（7-5）计算出进口风速 u_1。

风机动压 $p_d = \rho u_2^2/2$，可以通过管路中安装的毕托管测量得到风量 Q，再根据流量守恒算出出口风速 u_2。

风机全压用式（7-3）计算出。

7.1.2.4 风机的有效功率和功率

风机在运转过程中存在种种能量损失，风机的总效率可以表示为

$$\eta = \frac{N_e}{N} \tag{7-9}$$

$$N_e = \frac{Q \cdot p_t}{3600} \tag{7-10}$$

$$N = K \cdot N_电 \cdot \eta_电 \cdot \eta_传 \tag{7-11}$$

式中　N_e——风机的有效功率，W；

　　　N——电动机输入风机的（轴）功率，W；

　　　K——用标准功率机校正功率的校正系数，这里取 1.0；

　　　$N_电$——电动机的输入功率，W；

　　　$\eta_电$——电动机效率，通常取 0.90；

　　　$\eta_传$——传动装置的传动效率，一般取 1.0。

当计算风机静效率时，将式（7-10）中的全压 p_t 用 p_{st} 代替，计算得到风机静空气功率 N_{est}，然后代入式（7-9）即可求得风机静效率 η_{st}。

7.1.3　实验装置

本实验台是根据国家标准 GB 1236—85《通风机空气动力性能试验方法》设计制造的（图 7-1）。风机性能试验装置分为风管式（包括进气、出气、进出气三种）和风室式两类。本实验台采用进气实验方法，风机进气口端连接风管，出气口通向大气。

7.1.4　实验方法与步骤

（1）检查管路上各测量仪器是否处于正常状态，检查实验管路处是否泄漏。

（2）打开风机的电动机电源，开始实验。

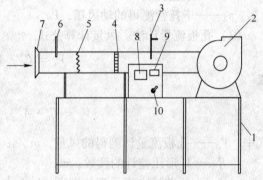

图 7-1　风机性能试验装置

1—支架；2—风机；3—毕托管；4—整流栅；5—节流网；
6—压力计；7—进口集流器；8—温度表；
9—电功率表；10—风机开关

（3）设定一定的风机转速，通过风量调节阀改变风机风量，开始测量数据：用转速仪测量风机转速 n，等显示值稳定后读取数显仪上的气体温度 t、电机功率 $N_电$，用微压计测量进口静压 p_{st}、毕托管动风压 p_d。

（4）至少测量八组以上不同风量下的数据。

（5）测量大气温度、大气压力，然后停风机，将设备、测量仪表等恢复原状并清理现场。

7.1.5　实验数据及处理

（1）记录有关常数：

实验装置名称：_____；实验台号：_____；

被测风机型号：_____；风机进口风管内径 $d_1 =$ _____ m；

风机进口风管截面积 $A_1 =$ _____ m^2；风机出口风管截面积 $A_2 =$ _____ m^2；

大气压力 $B =$ _____ Pa；大气温度 $t_0 =$ _____ ℃。

（2）记录及计算：

将实验数据记入表7-1、表7-2。

表7-1 实验记录表

实验次序	风机转速 n /r·min^{-1}	电机功率 $N_电$ /W	气体温度 t /℃	进口静压 p_1/Pa	毕托管压差读数 m/mm
1					
2					
3					
4					
5					
6					
7					
8					
9					
10					

表7-2 实验计算表

实验次序	进口动压 p_{d1}/Pa	进口风速 u_1/m·s^{-1}	风量 Q/m^3·h^{-1}	出口风速 u_2/m·s^{-1}	风机动压 p_d/Pa	风机静压 p_{st}/Pa	风机全压 p_t/Pa	功率 N/W	全效率 η/%	静效率 η_{st}/%
1										
2										
3										
4										
5										
6										
7										
8										
9										
10										

注意：

1）由于标准的风机特性曲线是在标况下（20℃、标准大气压，ρ 为 1.2kg/m^3）测定的，因此，应当对测得的数据进行换算。

①风压换算

$$\frac{p_{t0}}{p_t} = \frac{\rho_0}{\rho} \tag{7-12}$$

式中 p_{t0}，ρ_0——规定状态下的风压和气体密度；

p_t，ρ——操作状态下的风压和气体密度。

所以

$$p_{t0} = p_t \frac{\rho_0}{\rho} = p_t \frac{1.2}{\rho} \tag{7-13}$$

②计算功率时，如果 p_t 用实际风压，则 Q 用实际风量；如果 p_t 用校正为规定状态下的风压 p_{t0}，则风量也需校正到规定状态。

由 $\dfrac{Q_0}{Q} = \dfrac{\rho}{\rho_0}$ 得

$$Q_0 = Q \frac{\rho}{\rho_0} = Q \frac{\rho}{1.2} \tag{7-14}$$

2）微压计压力计算

$$p = \rho_水 \, gm\beta \tag{7-15}$$

式中　p——微压计压力，Pa；

　　　m——微压计倾斜管上的读数（工作液体为密度 0.810g/cm^3 的酒精），mm；

　　　β——常数因子，有 0.2、0.3、0.4、0.6、0.8 五种。

（3）曲线绘制。风机的风压有全风压和静风压之分，所以，风机的特性曲线比离心泵特性曲线多两条，即一定转速下的 p_t-Q、p_{st}-Q、N-Q、η-Q、η_{st}-Q 五条曲线（标况下）。

7.1.6　实验分析与讨论

（1）为什么要测定通风机的特性曲线？

（2）确定该风机最佳工作范围。

7.2　泵特性曲线实验

泵种类很多，按照工作原理的不同，分为离心泵、往复泵、旋转泵、旋涡泵等几种，其作用均是对流体做功，提高流体的压强。本节主要介绍离心泵的特性曲线实验。离心泵一般用电动机带动，在启动前需向壳内灌满被输送的液体，启动电动机后，泵轴带动叶轮一起旋转，充满叶片之间的液体也随之转动，在离心力的作用下，液体在从叶轮中心被抛向外缘的过程中获得了能量，使叶轮外缘的液体静压强提高，同时增加了液体的动能。液体离开叶轮进入泵壳后，由于泵壳中流道逐渐加宽，液体的流速逐渐降低，一部分动能转化为静压能，使泵出口处液体的压强进一步提高，于是液体以较高的压强从泵的排出口进入管路，输送至所需的场所。

7.2.1　实验目的

（1）掌握水泵的基本测试技术，了解实验设备及仪器仪表的性能和操作方法。

（2）测定离心泵单泵的工作特性，作出特性曲线。

7.2.2　实验原理

对应某一额定转速 n，泵的实际扬程 H、轴功率 N、总效率 η 与泵的出水流量 Q 之间的关系以曲线表示，称为泵的特性曲线，它能反映出泵的工作性能，可作为选择泵的依据。

泵的特性曲线可用下列三个函数关系表示

$$H = f_1(Q)；\quad N = f_2(Q)；\quad \eta = f_3(Q)$$

这些函数关系均可由实验测得，其测定方法如下。

（1）流量 Q。转速一定，用泵出口阀调节流量，通过涡轮流量计或压差式流量计读出的压差值来确定管路中流过的流体流量。

（2）实际扬程 H。泵的实际扬程指水泵出口断面与进口断面之间总能头差，是在测得泵进出口压强、流速和测压表表位差后，经计算求得。

$$H = (Z_2 - Z_1) + \frac{p_2 - p_1}{\gamma} + \frac{u_2^2 - u_1^2}{2g} \tag{7-16}$$

式中　H——泵的实际扬程，mH_2O；

p_2——水泵出口压强，kPa；

p_1——水泵进口压强，kPa；

$Z_2 - Z_1$——进出口之间的高度差，m；

γ——水的重度，等于密度和重力加速度的乘积，$kg/(m^2 \cdot s^2)$；

u_1，u_2——泵进出口流速，m/s，一般进口和出口管径相同，$d_2 = d_1$，$u_2 = u_1$，所以，$\dfrac{u_2^2 - u_1^2}{2g} = 0$。

（3）轴功率（泵的输入功率）N

$$N = N_电 \eta_电 \tag{7-17}$$

式中　$N_电$——电动机输入泵的功率，W；

$\eta_电$——电动机效率，通常取 0.90。

（4）总效率 η

$$\eta = \frac{N_e}{N} \times 100\% \tag{7-18}$$

式中　N_e——有效功率，$N_e = \dfrac{\rho g H Q}{1000}$，kW。

7.2.3　实验装置

实验装置简图如图 7-2 所示。

7.2.4　实验方法与步骤

（1）熟悉实验装置各部分名称与作用，检查水系统和电系统的连接是否正确，蓄水箱的水是否保持在一定的液位，水不能太少，应在水箱 2/3 的位置，记录有关常数。

（2）水泵启动前，泵壳内应注满被输送的液体（本实验为水，上有带漏斗的灌泵阀），并且出水阀门需关闭，避免水泵刚

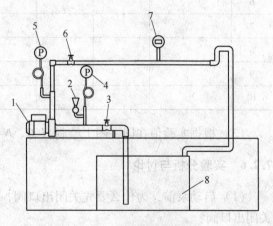

图 7-2　泵特性综合实验装置

1—实验水泵；2—灌泵阀；3—进水阀；4—真空表；

5—压力表；6—出水阀；7—涡轮流量计；8—蓄水箱

启动时的空载运转。若出现水泵无法输送液体的情况，则说明水泵未灌满或者其内有空气，气体排尽后就可以输送液体。

（3）全开进水阀，启动水泵，待水泵的出口有一定的压力后再开启水泵出水阀，但幅度不要太大；泵出口压力稳定后，记录下水泵在一定转速下的压力、功率、流量等。

（4）调节出水阀，控制实验水泵的出水流量，测量7~13次，测记功率表的表值，同时测记压力表5与真空压力表4的表值。

（5）关泵时，应注意泵的出口阀门必须先关闭，再停泵。

（6）须定期清洗水箱，以免污垢过多。

7.2.5　实验数据及处理

（1）记录有关常数：

实验装置名称：_____；实验台号：_____；离心泵型号：_____；
额定流量：_____；额定扬程：_____；额定转速 $n_0 =$ _____ r/min；
额定功率：_____；两测压点间高度差 $Z_2 - Z_1 =$ _____。

（2）记录及计算（表7-3）。

表7-3　实验记录及计算表

实验次序	涡轮流量计流量 $Q/\mathrm{m^3 \cdot h^{-1}}$	出口压力 p_2/kPa	进口压力 p_1/kPa	功率表 $N_{电}/\mathrm{W}$	总扬程 H/m	泵输入功率 N/W	有效功率 N_e/W	泵效率 $\eta/\%$
1								
2								
3								
4								
5								
6								
7								
8								
9								
10								

（3）根据实验值在同一图上绘制 $H\text{-}Q$、$N\text{-}Q$、$\eta\text{-}Q$ 曲线。

7.2.6　实验分析与讨论

（1）启动泵前，为什么要先关闭出口阀，待启动后再逐渐开大？为什么停泵时也要先关闭出口阀？

（2）由实验知泵的出水流量越大泵进口处的真空度也越大，为什么？

7.3 双泵串并联实验

7.3.1 实验目的

(1) 掌握串并联泵的测试技术。

(2) 测定离心泵在双泵串、并联工况下 H-Q 特性曲线，掌握双泵串、并联泵特性曲线与单泵特性曲线之间的关系。

7.3.2 实验原理

(1) 双泵串联。泵的串联是指前一台泵向后一台泵的入口输送流体的运行方式。一般来说，泵串联运行的主要目的是提高扬程（全压），前一台泵把扬程提到 H_1 后，后一台泵再把扬程提高 H_2。即已知水泵串联工作的两台或两台以上水泵的性能曲线函数分别为 $H_1 = f_1(Q_1)$、$H_2 = f_2(Q_2)$、…，则水泵串联工作后的性能曲线函数为在流量相同情况下各串联水泵的扬程叠加：

$$H = f(Q) = f_1(Q_1) + f_2(Q_2) + \cdots = H_1 + H_2 + \cdots \tag{7-19}$$

(2) 双泵并联。两台或两台以上的水泵向同一压力管道输送流体的工作方式，称为水泵的并联工作。水泵在并联工作下的性能曲线，就是把对应同一扬程 H 值的各个水泵的流量 Q 值叠加起来。若两台或两台以上水泵的性能曲线函数关系已知，分别为 $H_1 = f_1(Q_1)$、$H_2 = f_2(Q_2)$、…，这样就可得到两台或两台以上水泵并联工作的性能曲线函数关系：

$$H = f_1'(Q_1 + Q_2) \tag{7-20}$$

上述函数关系均可由实验测得，其测定方法如下。

1) 流量 Q。转速一定，用泵出口阀调节流量，管路中流过的液体量通过涡轮流量计或用压差式流量计读出的压差值来确定流量。

2) 实际扬程 H。泵的实际扬程指水泵出口断面与进口断面之间总能头差，是在测得泵进出口压强、流速和测压表表位差后，经计算求得。由于本装置内各点流速较小，流速水头可忽略不计，故有

$$H = (Z_2 - Z_1) + \frac{p_2 - p_1}{\gamma} \tag{7-21}$$

式中　H——泵的实际扬程，mH_2O；

　　　p_2——水泵出口压强，kPa；

　　　p_1——水泵进口压强，真空值用"$-$"表示，kPa；

　　$Z_2 - Z_1$——进出口之间的高度差，m；

　　　γ——水的重度，等于密度和重力加速度的乘积，$kg/(m^2 \cdot s^2)$。

7.3.3 实验装置

(1) 仪器装置简图如图 7-3 所示。

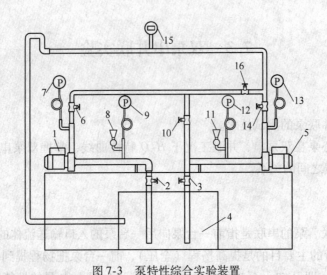

图 7-3 泵特性综合实验装置

1—水泵 1；2—泵 1 进水阀；3—泵 2 进水阀；4—蓄水箱；5—水泵 2；
6—泵 1 出水阀；7—压力表 1；8—泵 1 灌泵阀；9—真空表 1；10—串联阀；11—泵 2 灌泵阀；
12—真空表 2；13—压力表 2；14—泵 2 出水阀；15—涡轮流量计；16—并联阀

（2）装置说明：在关闭阀 3、16，开启阀 2、6、10、14 状态下，开启泵 1 与泵 2，两台水泵形成串联工作回路。在关闭阀 10，开启阀 2、3、6、14、16 状态下，开启泵 1 与泵 2，两台实验水泵形成并联工作回路。

7.3.4 实验方法与步骤

（1）熟悉实验装置各部分名称与作用，检查水系统和电系统的连接是否正确，蓄水箱的水是否保持在一定的液位，水不能太少，应在水箱 2/3 的位置，记录有关常数。

（2）水泵启动前，泵壳内应注满被输送的液体（本实验为水，上有带漏斗的灌泵阀），并且出水阀门需关闭，避免水泵刚启动时的空载运转。若出现水泵无法输送液体的情况，说明水泵未灌满或者其内有空气，气体排尽后就可以输送液体。

（3）测记数据：

1）串联实验：

①测定泵 1 流量、扬程：关闭阀 3、10、14，全开阀 2，关闭泵 2，开启泵 1，待水泵的出口有一定的压力后，全开阀 16 并同时开启阀 6，但幅度不要太大，待水泵出口压力稳定后，记录下水泵在一定转速下的进出口压力、流量等。调节出水阀 6，改变水泵的出水流量，在不同流量下重复测量 7～10 次，分别记录相应流量和水泵进出口压力。

②测定泵 2 流量、扬程：先关闭泵 1，再关闭阀 2、6、10、16，全开阀 3，开启泵 2，调节阀 14，改变流量多次，每次分别使流量达到上述第①步各次设定的流量值（即涡轮流量表值对应相等），测记各流量下水泵进出口压力。

③测定泵 1、2 串联工作流量、扬程：先关闭泵 2 电源，再关阀 3、16，全开阀 2、6、10，同时开启泵 1、2，调节阀 14，改变流量多次，每次分别使流量达到上述第①步设定的流量（即涡轮流量表值对应相等），测记各流量下水泵进出口压力。

2）并联实验：

①测定泵 1 扬程、流量：关闭阀 3、10、14，全开阀 2，关闭泵 2，开启泵 1，待水泵的出口有一定的压力后，全开阀 16，调节阀 6 使扬程达到某一设定扬程（即压力表 7 表值与压力真空表 9 表值之差），测记涡轮流量计 15 表值。改变扬程 7～10 次，并测记涡轮流量计 15 在相应扬程下各读数。

②测定泵 2 扬程、流量：先关闭泵 1，再关闭阀 2、6、10、16，全开阀 3，开启泵 2，调节阀 14，改变扬程 7～10 次，使每次扬程分别达到上述第①步设定的各次扬程值，分别测记涡轮流量计 15 表值。

③测定泵 1、2 并联工作扬程、流量：先关闭泵 2，再关闭阀 10，全开阀 2、3，同时开启泵 1、2，全开阀 16，分别调节阀 6、14，改变扬程多次，使每次两实验泵扬程均达到上述第①步设定的各次对应扬程值，分别记录涡轮流量计 15 表值。

（4）实验结束，先关闭泵的出口阀门，再关闭水泵，最后关闭实验仪器电源。

（5）根据实验数据分别绘制单泵与双泵并联的 H-Q 特性曲线。

7.3.5　实验数据及处理

（1）记录计算有关常数：

实验装置名称：＿＿＿＿＿＿＿；实验台号：＿＿＿＿＿＿＿；

离心泵型号 ＝ ＿＿＿＿＿＿＿；额定流量 ＝ ＿＿＿＿＿＿＿；额定扬程 ＝ ＿＿＿＿＿＿＿；

额定功率 ＝ ＿＿＿＿＿＿＿；两测压点间高度差 $Z_2 - Z_1$ ＝ ＿＿＿＿＿＿＿。

（2）记录及计算（表 7-4、表 7-5）。

表 7-4　串联实验记录及计算表

实验次序	泵 1				泵 2				Σ	串联工作			
	流量 Q_1 /m³·h⁻¹	压力表 1/kPa	真空表 1/kPa	扬程 H_1/m	流量 Q_2 /m³·h⁻¹	压力表 2/kPa	真空表 2/kPa	扬程 H_2/m	(H_1+H_2) /m	流量 Q /m³·h⁻¹	压力表 2/kPa	真空表 1/kPa	总扬程 H/m
1													
2													
3													
4													
5													
6													
7													
8													
9													
10													

表 7-5   并联实验记录及计算表

实验次序	泵 1				泵 2				Σ		并联工作						
	压力表 1 /kPa	真空表 1 /kPa	扬程 H_1 /m	流量 Q_1 /m³·h⁻¹	压力表 1 /kPa	真空表 2 /kPa	扬程 H_2 /m	流量 Q_2 /m³·h⁻¹	(Q_1+Q_2) /m³·h⁻¹		压力表 1 /kPa	真空表 1 /kPa	扬程 H_1 /m	压力表 1 /kPa	真空表 2 /kPa	扬程 H_2 /m	流量 Q /m³·h⁻¹
1																	
2																	
3																	
4																	
5																	
6																	
7																	
8																	
9																	
10																	

7.3.6   实验分析与讨论

（1）结合实验结果，分析讨论两台同性能泵在串联工作时其扬程能否增加一倍，试分析原因。

（2）当两台泵的特性曲线存在差异时，两泵串联系统的特性曲线与单泵的特性曲线之间应当存在怎样的关系？

（3）结合实验结果，分析讨论两台同性能泵在并联工作时其流量能否增加一倍？试分析原因。

（4）当两台泵的特性曲线存在差异时，两泵并联系统的特性曲线与单泵的特性曲线之间应当存在怎样的关系？

7.4   流量检测与控制实验

7.4.1   实验目的

（1）熟悉各类流量计的原理和应用场所。
（2）测定孔板流量计的孔流系数与雷诺数的关系。

7.4.2   实验原理

对非标准化的各种流量仪表在出厂前都必须进行流量标定，建立流量刻度标尺（如转子流量计），给出孔流系数（如涡轮流量计）、给出校正曲线（如孔板流量计）。使用者在使用时，如工作介质、温度、压强等操作条件与原来标定时的条件不同，就需要根据现场情况对流量计进行标定。

涡轮流量计由管体、叶轮（涡轮）、前后导向架和带磁电感应器的放大器等组成。涡轮安装在管道中心，两端由导向架支撑。当流体通过管道时，冲击涡轮叶片，涡轮受到驱动力矩而旋转。在一定的流量范围内，涡轮转速与流体流量成正比，即电脉冲数量与流量成正比。

电磁流量计是应用电磁感应原理，根据导电流体通过外加磁场时感生的电动势来测量导电流体流量的一种仪器。电磁流量计对管道水流无阻流部件，测量中几乎无附加压力损失。

孔板、文丘里流量计的收缩口面积都是固定的，而流体通过收缩口的压力降则随流量大小而变，据此测量流量，因此称为变压头流量计。而另一类流量计中，当流体通过时压力降不变，但收缩口面积却随流量而改变，故称这类流量计为变截面流量计，此类的典型代表是转子流量计。

孔板流量计是应用最广泛的节流式流量计之一，本实验采用自制的孔板流量计测定液体流量，用重量法进行标定，同时测定孔流系数与雷诺准数的关系。

孔板流量计是根据流体的动能和势能相互转化原理设计的，流体通过孔板锐孔时流速增加，造成孔板前后产生压强差，可以通过引压管在压差计显示。其基本构造如图7-4所示。

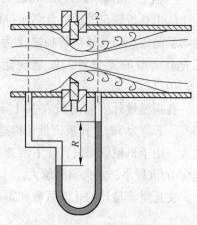

图7-4　孔板流量计
1，2—界面；R—1、2界面的压差

若管路直径为d_1，孔板锐孔直径为d_0，流体流经孔板流量计孔板前后所形成的缩脉直径为d_2，流体的密度为ρ，则根据伯努利方程，在界面1、2处有

$$\frac{u_2^2 - u_1^2}{2} = \frac{p_1 - p_2}{\rho} = \frac{\Delta p}{\rho} \qquad (7\text{-}22)$$

或

$$\sqrt{u_2^2 - u_1^2} = \sqrt{2\Delta p/\rho} \qquad (7\text{-}23)$$

由于缩脉处位置随流速而变化，截面积A_2难以知道，而孔板孔径的面积A_0是已知的，因此用孔板孔径处流速u_0来替代式（7-23）中的u_2，又考虑这种替代带来的误差以及实际流体局部阻力造成的能量损失，故需用系数C加以校正。式（7-23）改写为

$$\sqrt{u_0^2 - u_1^2} = C\sqrt{2\Delta p/\rho} \qquad (7\text{-}24)$$

对于不可压缩流体，根据连续性方程可知$u_1 = \dfrac{A_0}{A_1}u_0$，代入式（7-24）并整理可得

$$u_0 = \frac{C\sqrt{2\Delta p/\rho}}{\sqrt{1 - \left(\dfrac{A_0}{A_1}\right)^2}} \qquad (7\text{-}25)$$

令

$$C_0 = \frac{C}{\sqrt{1 - \left(\dfrac{A_0}{A_1}\right)^2}} \qquad (7\text{-}26)$$

则式（7-26）简化为

$$u_0 = C_0 \sqrt{2\Delta p/\rho} \tag{7-27}$$

根据 u_0 和 A_0 即可计算出流体的体积流量

$$Q = u_0 A_0 = C_0 A_0 \sqrt{2\Delta p/\rho} \tag{7-28}$$

或

$$Q = C_0 A_0 \sqrt{2gR(\rho_i - \rho)/\rho} \tag{7-29}$$

式中 Q——流体的体积流量，$\mathrm{m^3/s}$；

 　 R——U 形压差计的读数，m；

 　 ρ_i——压差计中指示液密度，$\mathrm{kg/m^3}$；

 　 C_0——孔流系数，无因次。

C_0 由孔板锐口的形状、测压口位置、孔径与管径之比和雷诺数 Re 所决定，具体数值由实验测定。当孔径与管径之比为一定值时，Re 超过某个数值后，C_0 接近于常数。一般工业上定型的流量计，就是规定在 C_0 为定值的流动条件下使用。C_0 值范围一般为 $0.6 \sim 0.7$。

孔板流量计安装时应在其上下游各有一段直管段作为稳定段，上游长度至少应为 $10d_1$，下游为 $5d_2$。孔板流量计构造简单，制造和安装都很方便，其主要缺点是机械能损失大。由于机械能损失，使下游速度复原后压力不能恢复到孔板前的值，称为永久损失。d_0/d_1 的值越小，永久损失越大。

文丘里流量计的孔流系数和雷诺数 Re 的计算方法相同。

7.4.3 实验装置

本实验的装置如图 7-5 所示。

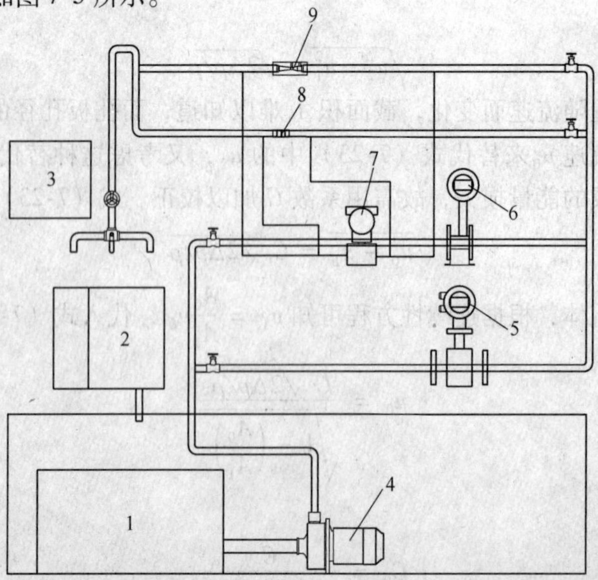

图 7-5 流量检测与控制实验装置

1—蓄水箱；2—计量水箱；3—控制柜；4—水泵；5—电磁流量计；
6—涡轮流量计；7—电容压差计；8—孔板流量计；9—文丘里流量计

流量检测与控制实验系统由离心式水泵、各类流量计、管道和蓄水箱组合而成。水泵开启后通过调节所在管路的阀门可以选择性通过不同的流量计，然后流回蓄水箱，通过计量水箱可以测量单位时间的水流量。

7.4.4　实验方法与步骤

（1）熟悉实验装置，了解各阀门的位置及作用。

（2）对装置中有关管道、导压管、压差计进行排气，使 U 形压差计处于工作状态。

（3）全开文丘里或孔板流量计的阀门，打开涡轮流量计阀门，关闭电磁流量计阀门，调节几组不同的水流量，读取涡轮流量计读数，同时用重量法测量水流重量 G 和水流时间 τ。

（4）全开文丘里或孔板流量计的阀门，打开电磁流量计阀门，关闭涡轮流量计阀门，调节几组不同的水流量，读取电磁流量计读数，同时用重量法测量水流重量 G 和水流时间 τ。

（5）全开涡轮流量计或电磁流量计的阀门，打开孔板流量计阀门，关闭文丘里流量计阀门，读取对应流量计的压降，同时用重量法测量水流重量 G 和水流时间 τ。

（6）全开涡轮流量计或电磁流量计的阀门，打开文丘里流量计阀门，关闭孔板流量计阀门，读取对应流量计的压降，同时用重量法测量水流重量 G 和水流时间 τ。

（7）实验结束后，关闭流量调节阀，停泵，切断电源。

7.4.5　实验数据及处理

（1）记录及计算：

实验装置名称：＿＿＿＿＿＿；实验台号：＿＿＿＿＿＿；管路内径 $d_1 =$＿＿＿＿＿mm；
文丘里锐孔直径 $d_\text{文} =$＿＿＿＿＿mm；孔板锐孔直径 $d_\text{孔} =$＿＿＿＿＿mm。

将结果记入表 7-6、表 7-7。

表 7-6　涡轮、电磁流量计测量记录及计算表

实验次序	涡轮流量计					电磁流量计				
	流量计读数 /$m^3 \cdot h^{-1}$	重量 G/kg	时间 τ/s	水流量 Q/$m^3 \cdot h^{-1}$	相对误差 Δ/%	流量计读数 /$m^3 \cdot h^{-1}$	重量 G/kg	时间 τ/s	水流量 Q/$m^3 \cdot h^{-1}$	相对误差 Δ/%
1										
2										
3										
4										
5										
6										
7										
8										
9										
10										

表 7-7 孔板、文丘里流量计测量记录及计算表

实验次序	孔板流量计							文丘里流量计						
	孔板压降/kPa	重量 G/kg	时间 τ/s	水流量 Q /m³·h⁻¹	流速 u_0 /m·s⁻¹	孔流系数 C_0	雷诺数 Re	文丘里压降/kPa	重量 G/kg	时间 τ/s	水流量 Q /m³·h⁻¹	流速 u_0 /m·s⁻¹	孔流系数 C_0	雷诺数 Re
1														
2														
3														
4														
5														
6														
7														
8														
9														
10														

（2）将涡轮流量计和电磁流量计所测量的流量与重量法所测的流量进行比较，算出相对误差填入表 7-6，并说明每种流量计使用的场合。

（3）根据表 7-7 在坐标纸上分别绘出孔板流量计和文丘里流量计的 C_0-Re 图。

7.4.6　实验分析与讨论

孔流系数与哪些因素有关系？

7.4.7　注意事项

（1）实验前对装置中有关管道、导压管、压差计进行排气，使 U 形压差计处于工作状态。

（2）测量流量时应保证每次测量中，计量水箱液位差不小于 100mm 或测量时间不少于 10s。

7.5　空化机理实验

7.5.1　实验目的

（1）了解空化实验装置的组成。

（2）观察空化现象，认知液体空化的机理。

7.5.2　实验原理

在液体流动的局部地区，或由于流速过高，或边界层分离，均会导致压强降低，以至于降低到液流内部出现气体（或蒸气）空泡或空穴，这种现象称为空化。空化现象发生以后，由于其空穴不是液体而是气体，因而破坏了液流连续性的前提，空化区的压强变化不

再服从一般的能量定律。空化可造成很多危害性后果，如引起空化区附近的固体边界的剥蚀破坏（称作空蚀或气蚀）、噪声污染、结构振动、机械效率降低等，早已引起工程界的高度重视。但空化现象也有它可利用的一面，如根据空化特性可设计节流装置。目前，空化的利用已扩展到造船、水机、水工建筑、原子能、水下武器、航空、采掘、润滑、生物及医学等领域。

7.5.3　实验装置

本实验装置如图 7-6 所示，是一套小型台式、整体安装的自循环系统，可用以演示空化发生、演变及流道体型对其的影响等，并可进行空化数的定量量测。

7.5.4　实验方法与步骤

（1）检查部件是否齐全，通电试验。

（2）充水：充水前须对水箱进行清洗，特别要注意的是水箱内决不允许有固体颗粒物存在。向水箱注入清洁水。

（3）启动：全开三个阀门，接通水泵电源与灯光电源，即可进行实验。

（4）实验演示：

1）空化现象的演示。在流道的三个阀门全开的条件下启动水泵，再关闭其中的两个，看到在流道的喉部和闸门槽处出现乳白色雾状

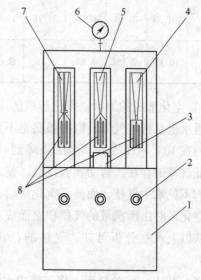

图 7-6　空化实验结构
1—储水箱（内设潜水泵）；2—三个调节流速的阀门；
3—空化杯；4—突缩渐扩型空化显示面流道；
5—文氏渐缩渐扩空化显示面流道；6—真空表；
7—矩形闸门槽空化显示面流道及流线型闸门
槽防空化流动显示面流道；8—均流槽

空化云，这就是空化现象，同时还可听到由空化区发生的空化噪声。空化区的负压（或真空）相当大，其真空度可由真空表（与中间流道的喉颈处测压点相连）读出。最大真空可达 10m 水柱（98kPa）以上。

空化按其形态可分游移型、边界分离型和旋涡型三种。在流道喉颈中部所形成的带游移状空化云为游移型空化；在喉道出口处两边形成的附着于转角两边较稳定的空化云，为分离型空化或附体空化；而发生于闸门流道中槽（凹口内）旋涡区的空化云为旋涡型空化。

根据仪器显示的空化区域分析可知，容易发生空化的部位是：高速液流边界突变的流动分离处，如水利工程中的深孔进口、溢流坝面、闸门槽、分叉管、施工不平整处，及动力机械中的水轮机、涡轮机、水泵和螺旋桨叶片的背面以及鱼雷的尾部等。

2）空化机理的演示。流动液体（以水为例）在标准大气压下，当温度升到 100℃ 沸腾时水体内产生的大小不一的气泡，就是空化。相应此时温度（100℃）下，水的蒸汽压强（标准大气压）被称为汽化压强，这种现象亦可在水温不高，压强较低时得以发生。

本仪器可清晰演示此现象的发生。先向空化杯 3 中注入半杯温水（水温 40℃ 左右），压紧橡皮塞盖，然后与管嘴（杯两侧各一只）接通。在喉管负压作用下，空化杯内的空气被吸出，真空表读数随之增大。当真空度接近 10m 水柱时，杯中水就开始沸腾。这是常温

水在低压下发生空化的现象，清楚地揭示了空化机理。改变杯中水温，汽化压强（p_v）也各不相同。不同水温的 p_v 值见表 7-8。

表 7-8　水的汽化压强

水温/℃	100	90	80	70	60	50	40	30	20	10	5	0
汽化压强 p_v/kPa	101.33	70.10	47.34	31.16	19.92	12.16	7.38	4.24	2.34	1.18	0.88	0.59
(p_v/γ) /mH$_2$O	10.33	7.15	4.83	3.18	2.03	1.24	0.75	0.43	0.24	0.12	0.09	0.06

3）空化形成的原因。空化形成的原因可用"气核理论"说明。该理论认为，常压下的普通水里总含有气体，以肉眼察觉不到的微核状态存在于水体，这种微核称作气核，直径大约在 $10^{-5} \sim 10^{-6}$ cm。当压强降到一定程度时，气核就膨胀、积聚组成空泡。可用实验验证气核的存在。启动实验仪器，使之出现空化云，注意观测流经空化区的水体。在空化区前不见水中气核，而流经空化区后，则可见水中出现许多小气泡。这些气泡就是水体流经空化区时由所携带的气核积聚而成。

从以上观察分析可知，气核的存在是形成空化的基础，负压的出现是产生空化的条件。

（5）排水：实验结束，将流道内水放空，防止流道内结垢。如果很长时间不使用设备需将水箱内水当空，并清洗水箱。

7.5.5　注意事项

（1）由于泵的供水压力较大，不允许在一个阀门全关（或接近全关），而另一个阀门全开（或接近全开）的情况下运行，以防止水压过高，损坏流道。开启水泵前应先检查阀门开闭状况。

（2）空化杯中的温水不能用冷开水或蒸馏水等，而应当用气核充足的新鲜自来水，并在每次实验前更换新水，以保证空化沸腾时的显示效果。

（3）静电的消除：实验仪器布置在较潮湿的环境（如大楼低层或地下室等处）易引起静电，高时甚至可达 100 多伏，通过直接在水泵泵壳外接地线引出即可消除。

7.6　气液两相流可视化水模型实验

7.6.1　实验目的

（1）了解实验装置的组成。

（2）观察泡状流流动现象，测量气泡的粒径分布。

7.6.2　实验原理

向炼钢容器中喷吹惰性气体搅拌钢液已成为现代冶金的重要手段。上水口吹氩作为保障连铸结晶器顺行的关键功能元件，其作用是防止水口堵塞、防止吸气、加速冶金物理化学反应的进行、均匀钢水温度和成分、缩短冶炼时间，同时促进钢液中夹杂物随气泡上浮，减少钢液中的非金属夹杂，洁净钢水，提高钢坯质量。但是吹氩也会带来负面的影响，在钢液湍流的作用下，氩气会被打碎成大大小小的多尺寸气泡，其中小氩气泡和黏附在其表面的非金属夹杂物一旦被凝固坯壳捕捉，就会造成铸坯缺陷。在气液两相运动过程中，气泡尺寸分布起着重要的作用，它决定着气泡的上升速度和平均停留时间，控制着含气率和气液接触面积。所以，研究弥散相气泡的分布特征及微观行为（破碎、聚并、长大等）至关重要。

连铸过程是在高温下进行的，对高温下结晶器内流场有关参数的直接研究很困难，所以大多采用物理模拟来研究连铸结晶器的流场。研究表明，用水模型来研究冶金容器内部的钢液流动是可行的，能够正确反映实际钢液流动的规律。

对于液相流动，仍需保证模型与原型的 Fr 相等，其流量计算见式（7-30）

$$\frac{u_m^2}{gl_m} = \frac{u_p^2}{gl_p} \tag{7-30}$$

式中　u_m——模型中水的流速，m/s；

　　　u_p——原型中钢液的流速，m/s；

　　　l_m——模型尺寸，m；

　　　l_p——原型尺寸，m。

经计算可得模型与原型的体积流量比为

$$\frac{Q_m}{Q_p} = \left(\frac{l_m}{l_p}\right)^{2.5} = \lambda^{2.5} = 0.06415 \tag{7-31}$$

式中　Q_m——模型中水的流量，m³/s；

　　　Q_p——原型中钢液的流量，m³/s；

　　　λ——模型与原型的几何相似比，此处为 1/4。

由于水模型实验是冷态实验，考虑到实际高温钢液引起的氩气膨胀，在确定实验吹气量时，要使原型和模型两个体系的气相修正弗劳德数 Fr_g 相等，即

$$\frac{\rho_{N_2} u_{N_2}^2}{(\rho_w - \rho_{N_2})gl_m} = \frac{\rho_{Ar} u_{Ar}^2}{(\rho_{st} - \rho_{Ar})gl_p} \tag{7-32}$$

并考虑高温下氩气的体积膨胀，得到模型和原型的气体流量之比

$$\frac{Q_{N_2}}{Q_{Ar}} = \frac{T_p}{T_m}\frac{Q_{N_2}}{Q'_{Ar}} = \frac{1}{0.165}\left(\frac{l_m}{l_p}\right)^{2.5}\sqrt{\frac{\rho_{Ar}(\rho_w - \rho_{N_2})}{\rho_{N_2}(\rho_{st} - \rho_{Ar})}} = 0.05 \tag{7-33}$$

式中　ρ_{N_2}，ρ_w——分别为常温常压下氮气、水的密度，分别取 1.138kg/m³、1000kg/m³；

　　　ρ_{Ar}，ρ_{st}——分别为 1803K 时氩气的密度、钢液的密度，分别取 0.56kg/m³、7020kg/m³；

Q_{N_2}，Q_{Ar}，Q'_{Ar}——分别为常温下氮气、氩气的流量以及高温下氩气的流量，m³/s；

　　　T_p，T_m——分别为原型温度（1803K）和模型温度（298K）。

7.6.3　实验装置

本实验装置如图 7-7 所示。

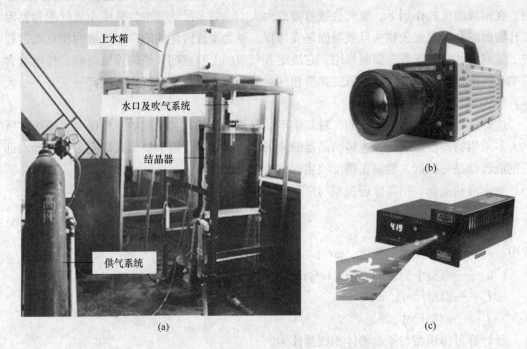

图 7-7　实验系统实物

（a）实验系统；（b）GX-3 高速相机；（c）片光源绿光激光器

7.6.4　实验方法与步骤

（1）安装实验系统，主要检查水口的对中。

（2）打开吹气系统，向系统内注水，包括结晶器、上水箱和下部的水池（图中未显示），并打开水泵及上水箱和结晶器出水口处的阀门，通过流量计调节循环流量，保证结晶器液面动态稳定。

（3）待流量稳定后，测记水流量计和气体流量计的读数。

（4）打开片光源激光器，照射结晶器的中截面；调整辅助照明系统，使其能够清晰地看到结晶器内的气泡分布；打开高速相机系统，从正面采集气泡的瞬态运动图像。

（5）改变阀门开度调节水流量三次；改变阀门开度调节吹气量三次；分别测记流量计相关读数，并采集相关气泡的瞬态运动图像。

（6）实验完成后关闭水泵、阀门、吹气系统等。

7.6.5　实验数据及处理

（1）记录有关参数：

实验装置名称：＿＿＿＿＿＿＿＿；实验台号：＿＿＿＿＿＿＿＿；

结晶器高度：＿＿＿＿＿cm；结晶器宽度：＿＿＿＿＿cm；结晶器厚度：＿＿＿＿＿cm；

水口内径: _____ cm; 水口出口倾角: _____°; 水口插入深度: _____ cm。

（2）记录不同工况实验数据（表7-9）。

表7-9 实验记录表

工　况	水流量/m³·s⁻¹	吹气量/m³·s⁻¹
1		
2		
3		
4		
5		
6		
7		

（3）采用 ImageJ 软件计算气泡的平均粒径分布。将采集到的气泡瞬时分布图像导入 ImageJ 软件进行分析，步骤如下：

1）打开所要分析的图像。

2）在原始图像中画出已知长度的一条直线，然后输入直线的实际尺寸来设定图像的比例尺，即每个像素点的实际长度。

3）截取图像中气泡分布比较明显的区域。

4）利用 ImageJ 软件中的边界查找命令查找图像中颗粒物的边界，并对图像进行适当的修正，使气泡所在的区域尽量明显。

5）通过调节色彩范围，尽量使要分析的区域将气泡区域覆盖，然后通过软件的颗粒分析命令对气泡所在区域进行分析，可以得到气泡的数量（n）和每个气泡的面积（A_i）；通过气泡的面积可以换算气泡粒径，得到气泡的粒径分布。

单个气泡的粒径计算公式为

$$D_i = 2\sqrt{A_i/\pi} \tag{7-34}$$

分析区域内的气泡平均粒径计算公式为

$$\overline{D} = 2\sqrt{\left(\sum_i^n A_i\right)/(n\pi)} \tag{7-35}$$

（4）统计不同工况下的气泡平均粒径（表7-10）。

表7-10 气泡平均粒径

工　况	气泡平均粒径/m
1	
2	
3	
4	
5	
6	

7.7 转炉水力学模型实验

7.7.1 实验目的

（1）通过转炉水力学实验了解和掌握以相似原理为基础的水力学模型的一般方法和原理。

（2）根据吹氧流量、氧枪高度及炉内液体的流动状态，画出吹透深度与反应面积之间的关系曲线。

7.7.2 实验原理

炼钢过程主要是一个氧化过程，纯氧顶吹是将纯氧吹入熔池，所以氧枪结构和供氧制度对控制熔池内元素的氧化速度、炉渣成分、吹炼中的喷溅量、喷嘴寿命及炉衬寿命等都有直接影响。合理的氧枪结构和供氧制度就是熔池得到合适的吹透深度与反应面积，以保证上述反应的正常进行。

在实际设备中观察研究吹透深度、反应面积以及流体的运动规律非常困难，因此有必要在实验室和现场结合的情况下，进行以相似理论为基础的水力学模型实验，其实验结果对实际生产有一定的意义。

相似的概念来源于几何学，大家都知道两个相似三角形具有对应边成比例，对应角相等的相似性质，如图7-8所示。

在两个相似图形中，已知一个图形的规律，便可预见另一个图形的规律，如果把几何相似（即空间相似）扩大到物理现象中去，也有同样结论。例如在几何相似的两个管道中，流动的气体在各对应点、对应时刻表征运动状况的各个物理量成一定的比例关系。

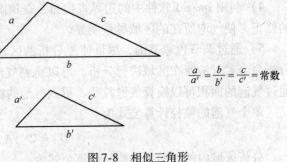

$$\frac{a}{a'} = \frac{b}{b'} = \frac{c}{c'} = 常数$$

图7-8 相似三角形

流体的重度（γ）相似，即

$$\frac{\gamma_1}{\gamma_1'} = \frac{\gamma_2}{\gamma_2'} = \frac{\gamma_3}{\gamma_3'} = C_\gamma（常数）\tag{7-36}$$

流体的压力（p）相似，即

$$\frac{p_1}{p_1'} = \frac{p_2}{p_2'} = \frac{p_3}{p_3'} = C_p（常数）\tag{7-37}$$

流体的速度（u）相似，即

$$\frac{u_1}{u_1'} = \frac{u_2}{u_2'} = \frac{u_3}{u_3'} = C_u（常数）\tag{7-38}$$

时间（τ）相似，即

$$\frac{\tau_1}{\tau_1'} = \frac{\tau_2}{\tau_2'} = \frac{\tau_3}{\tau_3'} = C_\tau \text{（常数）} \tag{7-39}$$

根据数学推导得出决定流体流动规律的欧拉准数（Eu）、弗劳德准数（Fr）、雷诺准数（Re），他们分别表示压力差、阻力、重力、黏性力对流体流动的影响。

$$Eu = \frac{\Delta p}{\rho u^2} \tag{7-40}$$

式中　Δp——压力差，Pa；

　　　ρ——密度，kg/m^3；

　　　u——速度，m/s。

$$Fr = \frac{u^2}{gl} \tag{7-41}$$

式中　g——重力加速度，m/s^2；

　　　l——线尺寸长度，m。

$$Re = \frac{\rho ul}{\mu} \tag{7-42}$$

式中　μ——黏性系数，Pa·s。

根据相似定理，若本质相同的现象相似，则同名相似准数相等。

应当指出，随着决定准数的增多，使模型实验产生困难，实验条件不能同时满足多种决定准数的要求，常常忽略对现象影响较小的决定准数。在转炉水力学模型实验中，弗劳德准数（Fr）起主要作用，其他准数影响较小，故可忽略。

$$Fr = u^2 r_{\text{气}} / gl(r_{\text{液}} - r_{\text{气}}) = u'^2 r_{\text{气}}' / gl'(r_{\text{液}}' - r_{\text{气}}') \tag{7-43}$$

7.7.3　实验装置

实验装置如图 7-9 所示。

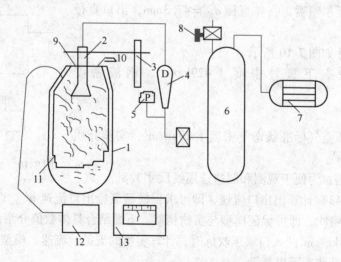

图 7-9　转炉水力学模型实验装置

1—转炉模型；2—喷枪；3—喷枪升降支架；4—转子流量计；5—压力表；6—稳压罐；7—空压机；
8—阀门；9—滤纸；10—KCl 溶液注入嘴；11—电导电极；12—电导仪；13—电子电位差计

7.7.4　实验方法

（1）本实验研究 90t 纯氧顶吹转炉炼钢供氧制度与熔池吹透深度及反应面积的关系，并观察熔池内部的运动情况。

（2）不同枪位（1.8m、2.0m、2.2m、2.4m、2.6m），不同入口氧压（7kg/cm²、8kg/cm²、9kg/cm²、10kg/cm²）的吹透深度和反应面积。

（3）根据生产中转炉的不同枪高和不同氧压情况，算出相应的模型枪高和不同氧压情况下的气体流量。

7.7.5　实验数据及处理

（1）记录及计算（表 7-11）。

表 7-11　实验记录表

实验次序	枪位/mm	氧气流量/m³·h⁻¹	吹透深度/mm	反应面积/mm²
1				
2				
3				
4				
5				

（2）计算举例。

已知条件：

1）平均出钢量 90t，供氧强度设计在 3.17m³/min（标准工况下）。

2）单孔拉瓦尔喷嘴，临界直径 $d_{临} = 47.3$mm，出口直径 $d_{出} = 67.5$mm。

3）炉型尺寸如图 7-10 所示。

4）标准状态下氧气密度 1.429kg/m³，钢液密度 7000kg/m³。

模型情况：

1）实验介质空气标准状态下密度 1.29kg/m³，实验介质水密度 1000kg/m³。

2）模型比例：为便于观测和制造选用线尺寸 1/8。

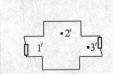

图 7-10　炉型尺寸示意图

根据式（7-43）计算出出口流速，即可求得模型氧枪出口流速 u'。以流速 u' 的压缩空气向模型溶池喷吹，即可保证模型与实物相似。下面结合具体数值介绍计算方法。

当转炉以 10kg/cm² 的入口氧压吹炼时，计算实物的流量、流速，模型的流量、流速。

实际转炉标准状态下供氧量：

$$D_0 = 0.6A_{临}p/3600$$

式中　D_0——标准状态下供氧量，m³/s；

　　　$A_{临}$——临界截面，mm²；

p——入口氧压，kg/cm^2。

$$D_0 = 0.6 \times \frac{\pi}{4} \times 47.3^2 \times 10/3600 = 2.93 \ (\text{m}^3/\text{s})$$

标准状态下出口流速：$u = \dfrac{D_0}{A_\text{出}} = 2.93/(0.0675^2 \times \dfrac{\pi}{4}) = 819 \ (\text{m/s})$

式中，$A_\text{出}$ 为出口断面积，m^2。

将有关数值都代入 Fr 相似准数中，模型氧枪标准下的流速为

$$u' = \sqrt{\frac{l'(r'_\text{液} - r'_\text{气})r'_\text{气}}{l(r_\text{液} - r_\text{气})r'_\text{气}}}u = \sqrt{\frac{1 \times (1000 - 1.29) \times 1.429}{8 \times (7000 - 1.429) \times 1.29}} \times 819 = 115 \ (\text{m/s})$$

模型喷嘴标准状态下流量为

$$D'_0 = \frac{\pi}{4}d_\text{出}^2 u' \times 3600 = \frac{\pi}{4} \times (0.0675/8)^2 \times 3600 \times 115 = 23.2 \ (\text{m}^3/\text{s})$$

根据此值，查流量换算表，知流量计指示在 20.5m^3/h。

调节气罐放气阀，稳定流量计指示在 20.5m^3/h 处，就为相应于实物入口氧压 10kg/cm^3 情况下，模型所需的空气量。

（3）根据吹氧流量、氧枪高度及炉内液体的流动状态，写出吹透深度与反应面积之间的关系，并画出曲线。

7.8 蓄热小球的阻力特性实验

7.8.1 实验目的

（1）了解填充床中气体流速、蓄热小球直径、堆积球层高度、空隙率对阻力损失的影响。

（2）绘制出填充床中空气流速与料层压降之间的关系曲线。

（3）对阻力系数进行回归处理，得到修正后的 Ergun 公式中两个系数值 f_1、f_2。

7.8.2 实验原理

（1）Ergun 公式。在很多冶金及材料加工的生产系统中，包括从炼钢的高炉到通过粉末冶金生产复杂的零件，均存在流体通过颗粒固态填料层的问题。流体通过多孔堆的流动不是简单的流动形式，加上填料床性质对流动的影响，使该问题更加复杂化。

计算填充床压力损失最具权威且被广泛采纳的是 Ergun 公式

$$\frac{\Delta p_\text{Ergun}}{H} = f_1 \frac{(1 - \varepsilon)^2}{\Phi^2 \varepsilon^3} \frac{\mu u}{d_\text{p}^2} + f_2 \frac{1 - \varepsilon}{\varepsilon^3} \frac{\rho u^2}{\Phi d_\text{p}} \tag{7-44}$$

式中　Δp_Ergun——填充床的压降，即阻力损失，Pa；

　　　H——料层高度，m；

　　　ε——空隙率；

　　　u——气体流速，m/s；

　　　ρ——流体密度，kg/m^3；

　　　μ——流体动力黏度，Pa·s；

Φ——颗粒的球形度（在本实验中，按经验取 0.9）；

d_p——填充球直径，m；

f_1，f_2——待回归的 Ergun 阻力系数。

ε、μ、d_p 与料层物理特性有关，而与气流特性无关。

本实验采用 Ergun 方程修正法进行阻力计算，通过实验测定蓄热小球的有关参数，并对不同流速下同一料层高度的压降进行测量分析。基于实验结果绘制出流速与料层高度之间的压降关系曲线，并对阻力系数进行回归，得到修正后的 Ergun 公式中两个系数值 f_1、f_2。

（2）伯努利方程。在本实验中，空气通过填充床时，由于受蓄热小球的摩擦和扰动作用，使得空气有一部分能量被消耗掉，从而导致床层上下静压力发生变化。因此取流经填充床内的空气为研究对象，根据流经填充床前后的空气的能量平衡关系，建立填充床入口出口的伯努利平衡方程

$$p_1 + \frac{1}{2}\rho u_1^2 = p_2 + \frac{1}{2}\rho u_2^2 + h_1 + h_2 \tag{7-45}$$

式中　p_1——流经填充床前的空气的静压，Pa；

p_2——流经填充床后的空气的静压，Pa；

ρ——空气的密度，kg/m³；

u_1——流经填充床前的空气的速度，m/s；

u_2——流经填充床后的空气的速度，m/s；

h_1——局部阻力损失，Pa；

h_2——摩擦阻力损失，Pa。

由于通过填充床前后空气的流量及温度是不变的，空气的密度可以认为是不变的。因此，$u_1 = u_2$，则空气通过填充床的阻力损失 h_m 为

$$h_m = h_1 + h_2 = p_1 - p_2 \tag{7-46}$$

其数值的大小仅与空气流经填充床前后的静压之差有关。

7.8.3　实验装置

（1）实验装置如图 7-11 所示。

（2）装置说明：

1）压强测量。本实验中用数字压力风速仪来测量空气进出口压强，需要等示数稳定之后再读取数据。

2）流量测量。本实验中横截面积的空气流量用气体涡轮流量计来测量，需要等示数稳定之后再读取数据。

7.8.4　实验方法与步骤

（1）空隙率 ε 的测量。空隙率的计算

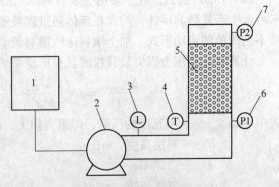

图 7-11　小球压降测量装置

1—控制台；2—风机；3—流量计；4—温度计；
5—蓄热小球；6—压力计 1；7—压力计 2

公式为

$$\varepsilon = \frac{\text{床层体积} - \text{颗粒体积}}{\text{床层体积}} = \frac{\gamma_{假} - \gamma_{堆}}{\gamma_{假}} \qquad (7\text{-}47)$$

式中　$\gamma_{假}$——蓄热室小球的假密度，kg/m^3；

　　　$\gamma_{堆}$——蓄热室小球的堆积密度，kg/m^3。

空隙率的计算要通过蓄热室小球的假密度和堆积密度计算。假密度，又叫表观密度，是指材料在自然状态下（长期在空气中存放的干燥状态）单位体积的干质量。堆积密度是指把所测量材料自由填充于某一容器中，在刚填充完成后所测得的单位体积的质量。

1）本实验中，假密度的测量方法如下：

①用电子秤测出小烧杯、大烧杯和容器的质量分别为 $m_{小}$、$m_{大}$、$m_{容1}$；

②取一定数量的小球放入小烧杯中，用电子秤测出其总质量 m_1；

③由于蓄热小球具有吸水性，所以将这些小球放在水中静置几分钟后取出，用纸巾吸去小球表面的水，放入小烧杯中，用电子秤测出其总质量 m_2；

④将容器放在电子秤上，大烧杯装满水放入容器内，记下总质量 m_3；

⑤将吸过水的小球轻轻地放入大烧杯中，然后将装满水和小球的大烧杯放置在电子秤上称重，记下总质量 m_4。

假密度的计算公式为

$$\gamma_{假} = \frac{m_1 - m_{小}}{(m_2 + m_3 - m_4 - m_{容1} - m_{小})/\rho_{水}} \qquad (7\text{-}48)$$

2）堆积密度的测量方法：

①用电子秤测出容器质量 $m_{容2}$；

②将容器装满蓄热小球，用电子秤测出其总质量 m_5；

③将容器装满水，用电子秤测出其总质量 m_6。

堆积密度的计算公式为

$$\gamma_{堆} = \frac{m_5 - m_{容2}}{(m_6 - m_{容2})/\rho_{水}} \qquad (7\text{-}49)$$

（2）压力降测量方法：

1）选择一种直径的蓄热小球，填充到一定高度，记录高度 H。

2）打开风机，改变流量调节阀的开启度，从小到大改变实验气体的流量，分别记录床层两端的静压差值 p_1、p_2 与风机与风机流量示数 Q，需要记录两组数据。

3）增加蓄热小球的高度，重复第2）步实验。

7.8.5　实验数据及处理

实验装置名称：_____；实验台号：_____；室温 $t_0 = $_____℃；

填充床直径 $D = $_____m；空气动力黏度 $\mu = $_____Pa·s；

空气密度 $\rho = $_____$kg/m^3$。

将实验数据记入表7-12、表7-13。

表 7-12　空隙率记录及计算表

实验次序	小球直径 d_p/m	m_1/kg	m_2/kg	m_3/kg	m_4/kg	$m_小$/kg	$m_大$/kg	$m_{容1}$/kg	$\gamma_假$/kg·m^{-3}	m_5/kg	m_6/kg	$m_{容2}$/kg	$\gamma_堆$/kg·m^{-3}	ε
1														
2														
3														
4														
5														

表 7-13　压降记录及计算表

料层高度 H/m	入口处压强 p_1/Pa	出口处压强 p_2/Pa	风机流量 Q/m^3·h^{-1}	气体流速 u/m·s^{-1}	Δp_{Ergun}/Pa	f_1	f_2

7.8.6　实验分析与讨论

（1）画出空气流速 u 与填充床压降 Δp_{Ergun} 和单位压降 $\Delta p_{Ergun}/H$ 之间的曲线关系，并分析。

（2）原 Ergun 公式中两个系数 f_1、f_2 分别为 150 和 1.75，把这两个系数代入 Ergun 公式中，将计算出来的压降与实验中得到的压降进行比较和误差分析。

附　录

附表 I　压力单位换算表

压力名称	帕斯卡（Pa）	兆帕（MPa）	千克力/m²（mmH₂O）	千克力/cm²（at）	毫米汞柱（mmHg）	标准大气压（atm）
帕斯卡	1	10^{-6}	0.101972	0.101972×10^{-4}	7.50062×10^{-3}	9.86923×10^{-6}
兆帕	10^{-6}	1	101972	10.1972	7500.62	9.86923
千克力/m²	9.80665	9.80665×10^{-6}	1	1.000×10^{-4}	7.35559×10^{-2}	9.67841×10^{-5}
千克力/cm²	9.80665×10^{4}	0.0980665	10^{4}	1	735.559	0.967841
毫米汞柱	133.322	1.33322×10^{-4}	13.595	1.3595×10^{-3}	1	1.31579×10^{-3}
标准大气压	101325	0.101325	10332.3	1.03323	760	1

附表 II　饱和水的热物理性质[①]

温度 t /℃	饱和压力 p_a /10^5Pa	密度 ρ/kg·m⁻³	焓 h'/kJ·kg⁻¹	比定压热容 c_p/kJ·(kg·K)⁻¹	导热系数 λ/10^{-2}W·(m·K)⁻¹	热扩散率 a/10^{-8}m²·s⁻¹	动力黏度 μ/10^{-6}Pa·s	运动黏度 ν/10^{-6}m²·s⁻¹	体胀系数 α_V/10^{-4}K⁻¹	表面张力 γ/10^{-4}N·m⁻¹	普朗特数 Pr
0	0.00611	999.9	0	4.212	55.1	13.1	1788	1.789	−0.81	756.4	13.67
10	0.1227	999.7	42.04	4.191	57.4	13.7	1306	1.306	+0.87	741.6	9.52
20	0.02338	998.2	83.91	4.183	59.9	14.3	1004	1.006	2.09	726.9	7.02
30	0.04241	995.7	125.7	4.174	61.8	14.9	801.5	0.805	3.05	712.2	5.42
40	0.07375	992.2	167.5	4.174	63.5	15.3	653.3	0.659	3.86	696.5	4.31
50	0.12335	988.1	209.3	4.174	64.8	15.7	549.4	0.556	4.57	676.9	3.54
60	0.19920	983.1	251.1	4.179	65.9	16.0	469.9	0.478	5.22	662.2	2.99
70	0.3116	977.8	293.0	4.187	66.8	16.3	406.1	0.415	5.83	643.5	2.55
80	0.4736	971.8	355.0	4.195	67.4	16.6	355.1	0.365	6.40	625.9	2.21
90	0.7011	965.3	377.0	4.208	68.0	16.8	314.9	0.326	6.96	607.2	1.95
100	1.013	958.4	419.1	4.220	68.3	16.9	282.5	0.295	7.50	588.6	1.75
110	1.43	951.0	461.4	4.233	68.5	17.0	259.0	0.272	8.04	569.0	1.60
120	1.98	943.1	503.7	4.250	68.6	17.1	237.4	0.252	8.58	548.4	1.47
130	2.70	934.8	546.4	4.266	68.6	17.2	217.8	0.233	9.12	528.8	1.36
140	3.61	926.1	589.1	4.287	68.5	17.2	201.1	0.217	9.68	507.2	1.26
150	4.76	917.0	632.2	4.313	68.4	17.3	186.4	0.203	10.26	486.6	1.17
160	6.18	907.0	675.4	4.346	68.3	17.3	173.6	0.191	10.87	466.0	1.10
170	7.92	897.3	719.3	4.380	67.9	17.3	162.8	0.181	11.52	443.4	1.05
180	10.03	886.9	763.3	4.417	67.4	17.2	153.0	0.173	12.21	422.8	1.00
190	12.55	876.0	807.8	4.459	67.0	17.1	144.2	0.165	12.96	400.2	0.96

154

温度 t /℃	饱和压力 p_a /10^5Pa	密度 ρ/kg ·m^{-3}	焓 h'/kJ ·kg^{-1}	比定压热容 c_p/kJ· (kg·K)$^{-1}$	导热系数 λ/10^{-2}W ·(m·K)$^{-1}$	热扩散率 a/10^{-8}m^2 ·s^{-1}	动力黏度 μ /10^{-6}Pa·s	运动黏度 ν/10^{-6}m^2 ·s^{-1}	体胀系数 α_{V_t} /10^{-4}K^{-1}	表面张力 γ/10^{-4}N ·m^{-1}	普朗特数 Pr
200	15.55	863.0	852.8	4.505	66.3	17.0	136.4	0.158	13.77	376.7	0.93
210	19.08	852.3	897.7	4.555	65.5	16.9	130.5	0.153	14.67	354.1	0.91
220	23.20	840.3	943.7	4.614	64.5	16.6	124.6	0.148	15.67	331.6	0.89
230	27.98	827.3	990.2	4.681	63.7	16.4	119.7	0.145	16.80	310.0	0.88
240	33.48	813.6	1037.5	4.756	62.8	16.2	114.8	0.141	18.08	285.5	0.87
250	39.78	799.0	1085.7	4.844	61.8	15.9	109.9	0.137	19.55	261.9	0.86
260	46.94	784.0	1135.7	4.949	60.5	15.6	105.9	0.135	21.27	237.4	0.87
270	55.05	767.9	1185.7	5.070	59.0	15.1	102.0	0.133	23.31	214.8	0.88
280	64.19	750.7	1236.8	5.230	57.4	14.6	98.1	0.131	25.79	191.3	0.90
290	74.45	732.3	1290.0	5.485	55.8	13.9	94.2	0.129	28.84	168.7	0.93
300	85.92	712.5	1344.9	5.736	54.0	13.2	91.2	0.128	32.73	144.2	0.97
310	98.70	691.1	1402.2	6.071	52.3	12.5	88.3	0.128	37.85	120.7	1.03
320	112.90	667.1	1462.1	6.574	50.6	11.5	85.3	0.128	44.91	98.10	1.11
330	128.65	640.2	1526.2	7.244	48.4	10.4	81.4	0.127	55.31	76.71	1.22
340	146.08	610.1	1594.8	8.165	45.7	9.17	77.5	0.127	72.10	56.70	1.39
350	165.37	574.4	1671.4	9.504	43.0	7.88	72.6	0.126	103.7	38.16	1.60
360	186.74	528.0	1761.5	13.984	39.5	5.36	66.7	0.126	182.9	20.21	2.35
370	210.53	450.5	1892.5	40.321	33.7	1.86	56.9	0.126	676.7	4.709	6.79

① α_V 值选自 Steam Tables in SI Units. 2nd Ed. Ed. by Grigull U et al. Springer Verlag, 1984。

附表III 干饱和水蒸气的热物理性质

温度 t /℃	饱和压力 p_a /10^5Pa	密度 ρ /kg·m^{-3}	焓 h'' /kJ·kg^{-1}	汽化潜热 γ /kJ·kg^{-1}	比定压热容 c_p/kJ ·(kg·K)$^{-1}$	导热系数 λ/10^{-2}W ·(m·K)$^{-1}$	热扩散率 a/10^{-3}m^2 ·h^{-1}	动力黏度 μ /10^{-6}Pa·s	运动黏度 ν/10^{-6}m^2 ·s^{-1}	普朗特数 Pr
0	0.00611	0.004847	2501.6	2501.6	1.8543	1.83	7313.0	8.022	1655.01	0.815
10	0.01227	0.009396	2520.0	2477.7	1.8594	1.88	3881.3	8.424	896.54	0.831
20	0.02338	0.01729	2538.0	2454.3	1.8661	1.94	2167.2	8.84	509.90	0.847
30	0.04241	0.03037	2556.5	2430.9	1.8744	2.00	1265.1	9.218	303.53	0.863
40	0.07375	0.05116	2574.5	2407.0	1.8853	2.06	768.45	9.620	188.04	0.883
50	0.12335	0.08302	2592.0	2382.7	1.8987	2.12	483.59	10.022	120.72	0.896
60	0.19920	0.1302	2609.6	2358.4	1.9155	2.19	315.55	10.424	80.07	0.913
70	0.3116	0.1982	2626.8	2334.1	1.9364	2.25	210.57	10.817	54.57	0.930
80	0.4736	0.2933	2643.5	2309.0	1.9615	2.33	145.53	11.219	38.25	0.947
90	0.7011	0.4235	2660.3	2283.1	1.9921	2.40	102.22	11.621	27.44	0.966
100	1.0130	0.5977	2676.2	2257.1	2.0281	2.48	73.57	12.023	20.12	0.984
110	1.4327	0.8265	2691.3	2229.9	2.0704	2.56	53.83	12.425	15.03	1.00
120	1.9854	1.122	2705.9	2202.3	2.1198	2.65	40.15	12.798	11.41	1.02

续附表Ⅲ

温度 t /℃	饱和压力 p_a /10^5Pa	密度 ρ /kg·m^{-3}	焓 h'' /kJ·kg^{-1}	汽化潜热 γ /kJ·kg^{-1}	比定压热容 c_p/kJ ·(kg·K)$^{-1}$	导热系数 λ/10^{-2}W ·(m·K)$^{-1}$	热扩散率 a/10^{-3}m^2 ·h^{-1}	动力黏度 μ /10^{-6}Pa·s	运动黏度 ν/10^{-6}m^2 ·s^{-1}	普朗特数 Pr
130	2.7013	1.497	2719.7	2173.8	2.1763	2.76	30.46	13.170	8.80	1.04
140	3.614	1.967	2733.1	2144.1	2.2408	2.85	23.28	13.543	6.89	1.06
150	4.760	2.548	2745.3	2113.1	2.3145	2.97	18.10	13.896	5.45	1.08
160	6.181	3.260	2756.6	2081.3	2.3974	3.08	14.20	14.249	4.37	1.11
170	7.920	4.123	2767.1	2047.8	2.4911	3.21	11.25	14.612	3.54	1.13
180	10.027	5.160	2776.3	2013.0	2.5958	3.36	9.03	14.965	2.90	1.15
190	12.551	6.397	2784.2	1976.6	2.7126	3.51	7.29	15.298	2.39	1.18
200	15.549	7.864	2790.9	1938.5	2.8428	3.68	5.92	15.651	1.99	1.21
210	19.077	9.593	2796.4	1898.3	2.9877	3.87	4.86	15.995	1.67	1.24
220	23.198	11.62	2799.7	1856.4	3.1497	4.07	4.00	16.338	1.41	1.26
230	27.976	14.00	2801.8	1811.6	3.3310	4.30	3.32	16.701	1.19	1.29
240	33.478	16.76	2802.2	1764.7	3.5366	4.54	2.76	17.073	1.02	1.33
250	39.776	19.99	2800.6	1714.4	3.7723	4.84	2.31	17.446	0.873	1.36
260	46.943	23.73	2796.4	1661.3	4.0470	5.18	1.94	17.848	0.752	1.40
270	55.058	28.10	2789.7	1604.2	4.3735	5.55	1.63	18.280	0.651	1.44
280	64.202	33.19	2780.5	1543.7	4.7675	6.00	1.37	18.750	0.565	1.49
290	74.461	39.16	2767.5	1477.5	5.2528	6.55	1.15	19.270	0.492	1.54
300	85.927	46.19	2751.1	1405.9	5.8632	7.22	0.96	19.839	0.430	1.61
310	98.700	54.54	2730.2	1327.6	6.6503	8.06	0.80	20.691	0.380	1.71
320	112.89	64.60	2703.8	1241.0	7.7217	8.65	0.62	21.691	0.336	1.94
330	128.63	76.99	2670.3	1143.8	9.3613	9.61	0.48	23.093	0.300	2.24
340	146.05	92.76	2626.0	1030.8	12.2108	10.70	0.34	24.692	0.266	2.82
350	165.35	113.6	2567.8	895.6	17.1504	11.90	0.22	26.594	0.234	3.83
360	186.75	144.1	2485.3	721.4	25.1162	13.70	0.14	29.193	0.203	5.34
370	210.54	201.1	2342.9	452.0	76.9157	16.60	0.04	33.989	0.169	15.7
374.15	221.20	315.5	2107.2	0.0	∞	23.79	0.0	44.992	0.143	∞

附表Ⅳ 燃烧产物和空气的平均比热容

温度 /℃	燃烧产物的比热容（标准）$c_{燃}$/kJ·(m^3·℃)$^{-1}$		空气的比热容（标准） $c_{空}$/kJ·(m^3·℃)$^{-1}$
	天然气、焦炉煤气、液体燃料、烟煤、无烟煤	发生炉煤气、高炉煤气、泥煤、褐煤	
0~200	1.379	1.421	1.296
200~400	1.421	1.463	1.296
400~700	1.463	1.505	1.338
700~1000	1.505	1.547	1.379
1000~1200	1.547	1.588	1.421
1200~1500	1.588	1.630	1.463
1500~1800	1.630	1.672	1.463
1800~2100	1.672	1.714	1.505

附表V 铜-康铜热电偶分度表

分度号：T

（冷端温度为0℃）

温度/℃	热电动势/mV									
	0	1	2	3	4	5	6	7	8	9
−40	−1.475	−1.510	−1.544	−1.579	−1.614	−1.648	−1.682	−1.717	−1.751	−1.785
−30	−1.121	−1.157	−1.192	−1.228	−1.263	−1.299	−1.334	−1.370	−1.405	−1.440
−20	−0.757	−0.794	−0.830	−0.867	−0.903	−0.904	−0.976	−1.013	−1.049	−1.085
−10	−0.383	−0.421	−0.458	−0.495	−0.534	−0.571	−0.602	−0.646	−0.683	−0.720
0 −	−0.000	−0.039	−0.077	−0.116	−0.154	−0.193	−0.231	−0.269	−0.307	−0.345
0 +	0.000	0.039	0.078	0.117	0.156	0.195	0.234	0.273	0.312	0.351
10	0.391	0.430	0.470	0.510	0.549	0.589	0.629	0.669	0.709	0.749
20	0.789	0.830	0.870	0.911	0.951	0.992	1.032	1.073	1.114	1.155
30	1.196	1.237	1.279	1.320	1.361	1.403	1.444	1.486	1.528	1.569
40	1.611	1.653	1.695	1.738	1.780	1.822	1.865	1.907	1.950	1.992
50	2.035	2.078	2.121	2.164	2.207	2.250	2.294	2.337	2.380	2.424
60	2.467	2.511	2.555	2.599	2.643	2.687	2.731	2.775	2.819	2.864
70	2.908	2.953	2.997	3.042	3.087	3.131	3.176	3.221	3.266	3.312
80	3.357	3.402	3.447	3.493	3.538	3.584	3.630	3.676	3.721	3.767
90	3.813	3.859	3.906	3.952	3.998	4.044	4.091	4.137	4.184	4.231
100	4.277	4.324	4.371	4.418	4.465	4.512	4.559	4.607	4.654	4.701
110	4.749	4.796	4.844	4.891	4.939	4.987	5.035	5.083	5.131	5.179
120	5.227	5.275	5.324	5.372	5.420	5.469	5.517	5.566	5.615	5.663
130	5.712	5.761	5.810	5.859	5.908	5.957	6.007	6.056	6.105	6.155
140	6.204	6.254	6.303	6.353	6.403	6.452	6.502	6.552	6.602	6.652
150	6.702	6.753	6.803	6.853	6.903	6.954	7.004	7.055	7.106	7.150
160	7.207	7.258	7.309	7.360	7.411	7.462	7.513	7.564	7.615	7.660
170	7.718	7.769	7.821	7.872	7.924	7.975	8.027	8.079	8.131	8.183
180	8.235	8.287	8.339	8.391	8.443	8.495	8.548	8.600	8.652	8.705
190	8.757	8.810	8.863	8.915	8.968	9.021	9.074	9.127	9.180	9.233
200	9.286	9.339	9.392	9.446	9.499	9.553	9.606	9.659	9.713	9.767
210	9.820	9.874	9.928	9.982	10.036	10.090	10.144	10.198	10.252	10.306
220	10.360	10.414	10.469	10.523	10.578	10.632	10.687	10.741	10.796	10.851
230	10.905	10.960	11.015	11.070	11.128	11.180	11.235	11.290	11.345	11.401
240	11.450	11.511	11.566	11.622	11.677	11.733	11.788	11.844	11.900	11.956

参 考 文 献

[1] 许国良，王晓墨. 工程传热学 [M]. 北京：中国电力出版社，2005.

[2] 杨世铭，陶文铨. 传热学 [M]. 4 版. 北京：高等教育出版社，2006.

[3] 张美杰. 材料热工基础 [M]. 北京：冶金工业出版社，2010.

[4] 沈巧珍，杜建明. 冶金传输原理 [M]. 北京：冶金工业出版社，2006.

[5] 韩昭沧. 燃料及燃烧 [M]. 2 版. 北京：冶金工业出版社，2004.

[6] 周国凡，薛正良. 钢铁冶金实验 [M]. 长沙：中南大学出版社，2008.

[7] 黄希祜. 钢铁冶金原理 [M]. 3 版. 北京：冶金工业出版社，2008.

[8] 毛根海. 应用流体力学实验 [M]. 北京：高等教育出版社，2009.

[9] 丁祖荣，等. 流体力学（上册）[M]. 北京：高等教育出版社，2013.

[10] 丁祖荣，等. 流体力学（下册）[M]. 北京：高等教育出版社，2013.

[11] 李玉柱，贺五洲. 工程流体力学 [M]. 北京：清华大学出版社，2006.

[12] 蔡增基，龙天渝. 流体力学泵与风机 [M]. 4 版. 北京：中国建筑工业出版社，1999.

[13] 安连锁，吕玉坤. 泵与风机 [M]. 北京：中国电力出版社，2009.

[14] 廉乐明，李力能，等. 工程热力学 [M]. 北京：中国建筑工业出版社，2004.

[15] 沈维道，童钧耕，等. 工程热力学 [M]. 4 版. 北京：高等教育出版社，2007.

[16] 郑贤德. 制冷原理与装置 [M]. 2 版. 北京：机械工业出版社，2008.

[17] 赵渭国，杜涛，等. 火焰炉设计 [M]. 沈阳：东北大学出版社，2005.

[18] 陆忠武. 火焰炉 [M]. 北京：冶金工业出版社，1995.

[19] 王秉铨. 工业炉设计手册 [M]. 3 版. 北京：机械工业出版社，2010.

[20] 王承阳. 热能与动力工程基础 [M]. 北京：冶金工业出版社，2010.

[21] 陈刚. 锅炉原理 [M]. 武汉：华中科技大学出版社，2012.

[22] 容銮恩，袁镇福，等. 电站锅炉原理 [M]. 北京：中国电力出版社，1997.

[23] 刘中秋. 连铸结晶器内多相非均匀传递机制的多尺度模拟 [D]. 沈阳：东北大学，2015.

[24] 祁霞，戴方钦. 蓄热小球填充床的气体阻力特性 [J]. 过程工程学报，2015，15（5）：770～773.

[25] 北京电工技术经济研究所. GB/T 10180—2003 工业锅炉热工性能试验规程 [S]. 北京：中国标准出版社，2003.

[26] 上海发电设备成套设计研究院，西安热工研究院有限公司. GB/T 10180—2003 电站锅炉性能试验规程 [S]. 北京：中国标准出版社，2015.

[27] 煤炭科学研究总院煤炭分析实验室. GB/T 483—2007 煤炭分析试验方法一般规定 [S]. 北京：中国标准出版社，2008.

[28] 煤炭科学研究总院煤炭分析实验室. GB/T 484—2008 煤样的制备方法 [S]. 北京：中国标准出版社，2009.

[29] 煤炭科学研究总院煤炭分析实验室. GB/T 475—2008 商品煤样人工采取方法 [S]. 北京：中国标准出版社，2009.

[30] 煤炭科学研究总院煤炭分析实验室. GB/T 19494.1—2004 煤炭机械化采样　第 1 部分：采样方法 [S]. 北京：中国标准出版社，2004.

[31] 煤炭科学研究总院煤炭分析实验室. GB/T 19494.2—2004 煤炭机械化采样　第 2 部分：煤样的制备 [S]. 北京：中国标准出版社，2004.

[32] 煤炭科学研究总院煤炭分析实验室. GB/T 19494.3—2004 煤炭机械化采样　第 3 部分：精密度测定和偏倚试验 [S]. 北京：中国标准出版社，2004.

[33] 煤炭科学研究总院煤炭分析实验室. GB/T 211—2007 煤中全水分的测定方法 [S]. 北京：中国标准出

版社，2008.

[34] 煤炭科学研究总院煤炭分析实验室．云南煤田地勘公司 143 队．GB/T 212—2008 煤的工业分析方法 [S]．北京：中国标准出版社，2009.

[35] 煤炭科学研究总院煤炭分析实验室．GB/T 213—2008 煤的发热量测定方法 [S]．北京：中国标准出版社，2008.

[36] 国家标准物质研究中心．JJG 672—2001 氧弹热量计检定规程 [S]．北京：中国计量出版社，2004.

[37] 煤炭科学研究总院煤炭分析实验室．GB/T 214—2007 煤中全硫的测定方法 [S]．北京：中国标准出版社，2008.

[38] 中国石油化工股份有限公司石油化工科学研究院．GB/T 3536—2008 石油产品闪点和燃点的测定　克利夫兰开口杯法 [S]．北京：中国标准出版社，2008.

[39] 中国石油化工股份有限公司石油化工科学研究院．GB/T 266—88 石油产品恩氏粘度测定法 [S]．北京：中国标准出版社，1989.

[40] 沈阳鼓风机研究所．GB/T 1236—2000 工业通风机用标准化风道进行性能试验 [S]．北京：中国标准出版社，2001.

冶金工业出版社部分图书推荐

书　名	作　者	定价(元)
中国钢铁工业节能减排技术与设备概览	本书编委会	220.00
大型循环流化床锅炉及其化石燃料燃烧	刘柏谦	29.00
柴油机燃用甲醇柴油混合燃料燃烧与排放性能研究	周庆辉	35.00
连铸及连轧工艺过程中的传热分析	孙蓟泉	36.00
冶金工业节能减排技术	张　琦	69.00
钢铁工业用节能降耗耐火材料	李庭寿	15.00
电炉炼钢除尘与节能技术问答	沈　仁	29.00
铝电解槽非稳态非均一信息模型及节能技术	李贺松	26.00
钢铁冶金的环保与节能（第2版）	李光强	56.00
冶金工业节能与余热利用技术指南	王绍文	58.00
节能减排社会经济制度研究	李艳丽	28.00
钢铁企业能源规划与节能技术	张战波	65.00
热能转换与利用（第2版）	汤学忠	32.00
炼铁节能与工艺计算	张玉柱	19.00
烧结生产节能减排	肖　扬	70.00
节能监测技术（本科教材）	夏家群	30.00
燃料及燃烧（本科教材）	韩昭沧	29.50
能源与环境（国规教材）	冯俊小	35.00
燃烧与爆炸学（第2版）（本科教材）	张英华	32.00
热能与动力工程基础（本科教材）	王承阳	29.00
加热炉（第4版）（本科教材）	王　华	45.00
冶金热工基础（本科教材）	朱光俊	36.00
热工实验原理和技术（本科教材）	邢桂菊	25.00
材料热工基础（本科教材）	张美杰	40.00
热工基础与工业窑炉（本科教材）	徐利华	26.00
供热工程（本科教材）	贺连娟	39.00
传热学（本科教材）	任世铮	20.00
工程流体力学（第4版）（国规教材）	谢振华	36.00
材料成型过程传热原理与设备（本科教材）	井玉安	22.00
冶金炉热工基础（高职高专教材）	杜效侠	37.00
流体流动与传热（高职高专教材）	刘敏丽	30.00